Harshit Mittal

Métodos sustentáveis de produção de hidrogénio

Harshit Mittal

Métodos sustentáveis de produção de hidrogénio

Processos de catalisação e transferência de massa para o alinhamento dos objectivos da ONU

ScienciaScripts

Imprint

Any brand names and product names mentioned in this book are subject to trademark, brand or patent protection and are trademarks or registered trademarks of their respective holders. The use of brand names, product names, common names, trade names, product descriptions etc. even without a particular marking in this work is in no way to be construed to mean that such names may be regarded as unrestricted in respect of trademark and brand protection legislation and could thus be used by anyone.

Cover image: www.ingimage.com

This book is a translation from the original published under ISBN 978-620-7-65337-9.

Publisher:
Sciencia Scripts
is a trademark of
Dodo Books Indian Ocean Ltd. and OmniScriptum S.R.L publishing group

120 High Road, East Finchley, London, N2 9ED, United Kingdom
Str. Armeneasca 28/1, office 1, Chisinau MD-2012, Republic of Moldova, Europe
Printed at: see last page
ISBN: 978-620-7-78301-4

Novos métodos de produção de hidrogénio:

Um Guia Global para a Produção Comercial de Hidrogénio em

Alinhamento com os UNSDGs

<u>**Reconhecimento**</u>

Este livro foi um projeto ambicioso que exigiu muita resistência física e mental. Exigiu um conhecimento profundo dos aspectos de engenharia, dos fundamentos da ciência, do desenvolvimento de processos e da economia. Além disso, sendo o primeiro projeto multidisciplinar a longo prazo, os autores necessitaram de um empenho incondicional, motivação e dedicação para se manterem fortes contra todas as probabilidades. Sem dúvida, este projeto não teria sido uma realidade sem a confiança, o amor incondicional, a liberdade, o apoio e os sacrifícios financeiros dos membros da família.

Gostaríamos também de agradecer a Shri SK Mittal, um grande visionário, administrador da Fundação de Investigação MOKSH e coautor deste livro, pelo seu apoio inabalável, orientação e ideias esclarecedoras sob a forma de experiência industrial e empreendedorismo, que aceleraram o projeto e nos motivaram intelectualmente a todos.

Nesta ocasião, os autores gostariam de agradecer aos pais, professores, mentores e simpatizantes pelo seu apoio e confiança inabaláveis nos seus esforços de investigação e no seu percurso atual. Além disso, não teria sido possível sem a existência das criaturas limitadoras cujas acções e

actividades sempre alimentaram e motivaram os autores como tudo o

resto.

Harshit Mittal gostaria de agradecer à Universidade Guru Gobind Singh

Indraprastha por proporcionar um ambiente de investigação saudável e

as instalações necessárias para a realização deste projeto.

Ao procurar uma produção sustentável de hidrogénio, os autores querem deixar uma nota de apreço aos leitores. Neste livro, abordámos uma mentalidade de investigação vintage para escrever este projeto sem utilizar inteligência artificial, ferramentas gramaticais, parafraseamento, etc. Não aprofundámos os fundamentos básicos dos sopradores e esperamos que os leitores passem primeiro por esses princípios. Desde a redução da pegada de carbono até à melhoria da eficiência operacional, da eficácia e do desempenho, a evolução histórica da produção de hidrogénio foi acompanhada por indústrias que se harmonizaram com a natureza.

Os materiais semicondutores de película fina são os componentes básicos dos dispositivos fotónicos, eléctricos e magnéticos. Através da alteração das características dos materiais e da redução das suas dimensões, o fabrico de materiais sob a forma de películas finas permite a sua simples inclusão em diferentes dispositivos. As principais vantagens dos sistemas de película fina são a eficiência dos dispositivos e a redução dos custos. São frequentemente utilizados para alterar as características eléctricas e ópticas, proteger as superfícies de produtos químicos e proteger as superfícies da abrasão. Devido às suas utilizações benéficas em energia *solar, dispositivos semicondutores, circuitos integrados, memória magneto-ótica, díodos emissores de luz, revestimentos protectores multifuncionais, ecrãs de cristais líquidos e outras tecnologias, a investigação sobre películas finas de semicondutores está a expandir-se rapidamente. Esta revisão aborda os recentes desenvolvimentos em películas finas semicondutoras nanoestruturadas fotocatalíticas, a sua deposição, técnicas de fabrico, controlo das micro/nanoestruturas das películas, propriedades físico-químicas, mecanismo fotocatalítico e as suas aplicações fotocatalíticas nos domínios da energia, incluindo a produção de hidrogénio, a redução de CO_2 em produtos químicos úteis e a remediação ambiental, incluindo a fotodegradação de bactérias nocivas e produtos químicos tóxicos.*

Convidamos todos os leitores a juntarem-se a nós na viagem de descoberta dos desenvolvimentos necessários, das tecnologias, da sustentabilidade e do progresso neste vasto campo de investigação e a mergulharem profundamente nas possibilidades ilimitadas necessárias no mundo da produção de hidrogénio, utilizando as figuras, os quadros, as ilustrações e as referências incluídas no livro. Esperamos que os leitores explorem o livro com um espírito aberto e, para quaisquer questões, colaborações ou ligações, não hesitem em contactar-nos.

Espero uma leitura construtiva e uma experiência enriquecedora.

Com os melhores cumprimentos,

<u>Harshit Mittal</u>

Escola Universitária de Tecnologia Química, Universidade Guru Gobind Singh Indraprastha

Nova Deli, Índia

(hydrogen.mit@gmail.com)

<u>***Resumo***</u>

Os materiais semicondutores de película fina são os componentes básicos dos dispositivos fotónicos, eléctricos e magnéticos. Através da alteração das características dos materiais e da redução das suas dimensões, o fabrico de materiais sob a forma de películas finas permite a sua simples inclusão em diferentes dispositivos. As principais vantagens dos sistemas de película fina são a eficiência dos dispositivos e a redução dos custos. São frequentemente utilizados para alterar as características eléctricas e ópticas, proteger as superfícies de produtos químicos e proteger as superfícies da abrasão. Devido às suas utilizações benéficas em energia solar, dispositivos semicondutores, circuitos integrados, memória magneto-ótica, díodos emissores de luz, revestimentos protectores multifuncionais, ecrãs de cristais líquidos e outras tecnologias, a investigação sobre películas finas de semicondutores está a expandir-se rapidamente. Esta revisão aborda os recentes desenvolvimentos em películas finas semicondutoras nanoestruturadas fotocatalíticas, a sua deposição, técnicas de fabrico, controlo das micro/nanoestruturas das películas, propriedades físico-químicas, mecanismo fotocatalítico e as suas aplicações fotocatalíticas nos domínios da energia, incluindo a produção de hidrogénio, a redução de CO_2 em produtos químicos úteis e a remediação ambiental, incluindo a fotodegradação de bactérias nocivas e produtos químicos tóxicos. A produção sustentável de energia através da utilização de combustíveis e tecnologias de conversão de energia que emitem pouca ou nenhuma poluição é um dos principais objectivos do mundo moderno. Dada a sua maior capacidade de mistura com o ar, maior eficiência de combustão, facilidade de transporte e menor produção de poluentes, os combustíveis gasosos são cada vez mais utilizados em motores de combustão interna (IC) neste contexto. Como combustíveis gasosos alternativos para motores de combustão interna, o gás de petróleo liquefeito (GPL), o gás natural comprimido (GNC), o hidrogénio e o biogás são considerados amplamente acessíveis. No entanto, o mundo ainda está à procura de outros combustíveis gasosos alternativos. Nos últimos anos, muitos académicos de todo o mundo têm analisado a perspetiva de utilizar o oxigénio-hidrogénio (HHO), vulgarmente conhecido como gás de Brown, para aplicações de calor e energia. Consequentemente, foi realizada uma análise exaustiva da produção de HHO utilizando vários geradores, bem como da sua utilização em aplicações de calor e eletricidade. Os resultados são apresentados no presente estudo.

Índice

Capítulo 1: Ácido fórmico e catalisação com CPd

Introdução

A probabilidade de os materiais de baixa dimensão estarem a redefinir as características dos materiais à nanoescala não é exagerada. No que diz respeito aos avanços técnicos numa variedade de disciplinas, incluindo os cuidados de saúde, a energia e as aplicações ambientais, as películas finas têm tido uma influência revolucionária. De acordo com as definições comuns, as películas finas são materiais bidimensionais (2D) com espessuras que variam entre os nanómetros e os micrometros. Na sua essência, os materiais 2D reflectem o confinamento quântico dos electrões numa direção e o seu livre fluxo nas outras duas direcções. A combinação destas dimensões limitadas e não limitadas pode resultar em materiais com propriedades sinérgicas a nível do volume e das nanopropriedades. A flexibilidade estrutural das películas finas é muito vantajosa para os materiais de dispositivos para as suas aplicações, para além das características e funcionalidades induzidas pelas dimensões. Por exemplo, como ilustrado na **Fig. 1**, as películas finas são amplamente utilizadas para produzir ecrãs electrónicos, janelas inteligentes, sensores e outros dispositivos. Ao contrário da deposição de materiais em substratos a granel, as películas finas são frequentemente compostas por materiais atomicamente ordenados que podem ser utilizados diretamente para construir dispositivos com os auxiliares integrados necessários.

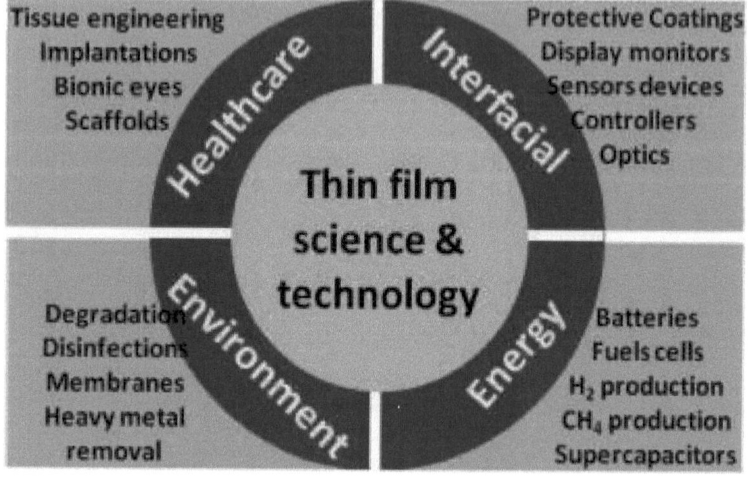

Fig. 1. Diversas aplicações da ciência e tecnologia das películas finas.

Um método fiável e promissor de moldar os materiais é através de películas finas. Devido ao seu papel na miniaturização dos dispositivos, a sua importância técnica tem vindo a aumentar. Devido ao confinamento das cargas eléctricas causado pelas suas dimensões limitadas, os materiais tornam-se mais sensíveis nas interfaces, o que tem uma maior influência nas características do material. Esta é a razão da atual prioridade dada ao estudo da física da estrutura dos materiais na criação de novos materiais. Estas arquitecturas limitadas criam assim dificuldades suplementares para a sua síntese, caraterização e modelização em diversas aplicações. No desenvolvimento de materiais com as qualidades adequadas para as aplicações pretendidas, as estruturas em termos de dimensão e morfologia são da maior importância. A procura de materiais com qualidades ajustáveis e a construção de dispositivos flexíveis são essenciais no contexto atual. Devido às suas diversas características e procedimentos, que podem ser fiáveis e adaptáveis a aplicações à escala industrial, a fotocatálise ocupa uma posição especial entre as poucas abordagens para enfrentar os desafios energéticos e ambientais.

A fotocatálise é o processo de reacções redox induzidas pela luz sobre as moléculas circundantes para produzir espécies radicais para utilização subsequente na separação da água para a produção de H_2 e O_2 , várias degradações de poluentes, conversão de CO_2 em combustíveis de hidrocarbonetos, desinfeção de microrganismos, etc. Para aplicações em grande escala e em tempo real, um processo como a fotocatálise é adequado, uma vez que pode manifestar-se para várias utilizações. Com tais benefícios, é crucial escolher cuidadosamente ou criar materiais e estruturas fotocatalíticas, também conhecidas como fotocatalisadores, para realizar eficazmente os processos fotocatalíticos. Um fotocatalisador perfeito tem de ter as seguintes características: (i) um pequeno intervalo de energia; (ii) um potencial de banda adequado; (iii) pouca ou nenhuma recombinação; (iv) melhor separação de cargas; e (v) melhor transporte de cargas. Isto é conseguido através da alteração das propriedades físicas e químicas dos materiais fotocatalíticos. A primeira pode ser conseguida através da dopagem, da criação de compósitos, da sensibilização de metais, de funcionalizações moleculares, etc. Tal como a primeira, a segunda modifica o tamanho, a forma e a morfologia da superfície dos materiais. As películas finas são uma alteração física dos materiais neste contexto, em que os materiais fotocatalíticos necessários são formados em películas finas através de um método ascendente, depositando a fase molecular dos materiais num substrato para solidificar numa substância. As películas finas depositadas podem ser posteriormente utilizadas com o substrato ou retiradas e utilizadas de forma autónoma. No entanto, a conceção de reactores para aplicações fotocatalíticas é crucial para uma utilização à escala industrial. As películas finas têm potencial para serem utilizadas à escala industrial porque tornam a gestão dos materiais fotocatalíticos mais simples em vários aspectos, incluindo a sua conceção prática que se adapta aos reactores, a sua reciclabilidade, recuperação, etc. Assim, a conceção minuciosa de películas finas fotocatalíticas seria adequada para as suas aplicações em grande escala.

(1) $SC + hv \rightarrow e^- + h^+$ $(2)e^- + O_2 \rightarrow O_2^\bullet$

(2) $H^+ + OH^- \rightarrow{}^\bullet OH$ $(4)h^+ + H_2O \rightarrow{}^\bullet OH + H^+$

(3) $O_2^\bullet + poluente \rightarrow Deg.$ Produtos

(4) $^\bullet OH + poluente \rightarrow$ Produtos de degradação

(5) $4e^- + 4H^+ \rightarrow 2H_2$ $(8)4h^+ + 2H_2O \rightarrow O_2 + 4H^+$

(6) $CO_2 + 2H + 2e^- \rightarrow HCOOH$

(7) $HCOOH + 2H + 2e^- \rightarrow HCHO + H\,O_2$

(8) $HCHO + 2H + 2e^- \rightarrow CH_3\,OH$

(9) $CH_3\,OH + 2H + 2e^- \rightarrow CH_4 + H\,O_2$

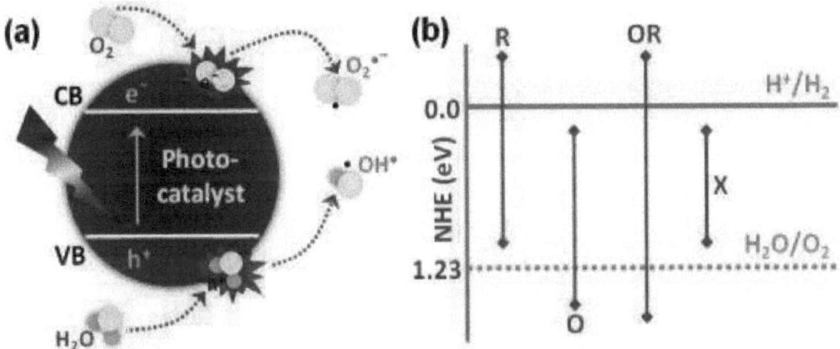

Fig. 3. O potencial de borda de banda, bem como as reacções redox correspondentes R-Redução, O-Oxidação, OR-Redução e Oxidação, e X-Nenhuma reação, são discutidos em (a) o processo fotocatalítico em semicondutores e (b).

Os elementos críticos da estruturação de materiais fotocatalíticos como películas finas incluem a modificação da estrutura de banda das substâncias para favorecer energeticamente as reacções supramencionadas através do posicionamento adequado dos potenciais de borda de banda no fotocatalisador de película fina. As várias localizações dos bordos CB e VB que suportam os processos redox num fotocatalisador são mostradas na **Fig. 3(b).** Esta mostra que o CB e o VB devem ser colocados mais positivos e negativos na escala NHE, respetivamente, para que ocorra a separação total da água. Por exemplo, **a Fig. 4(a)** mostra as características ópticas das películas finas de Cd(O, S) obtidas por pulverização catódica com magnetrões, em que as películas finas se tornaram opticamente transparentes pela simples introdução ou controlo do gás oxigénio durante o processo de pulverização catódica. Do mesmo modo, **a Fig. 4(b)** mostra os ajustamentos efectuados na energia do intervalo de bandas das películas finas de ZnO através do aumento da temperatura de oxidação. Uma vez que as estruturas das películas finas podem ser criadas manipulando os parâmetros experimentais durante o fabrico das películas finas, a conceção de um fotocatalisador com tais características ópticas ajustáveis é, portanto, completamente viável (ver **Fig. 5**).

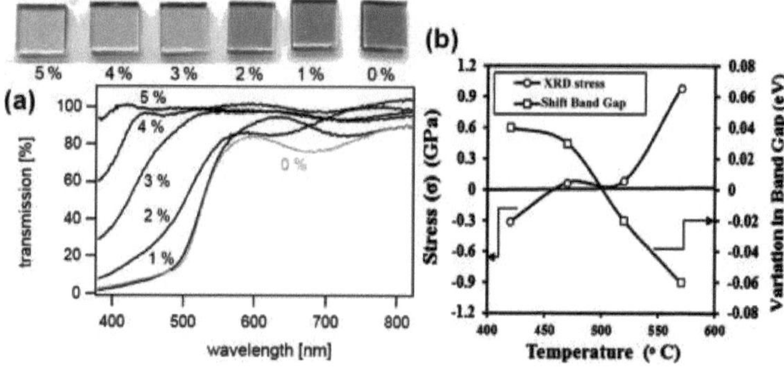

Fig. 4. (a) Deposição de películas de Cd(O, S) por pulverização catódica reactiva com alteração da quantidade de oxigénio: (em cima) imagens pictóricas, (em baixo) espectros de transmissão e **(b)** variação do intervalo

de banda e da tensão nas películas finas de ZnO com a temperatura de oxidação húmida.

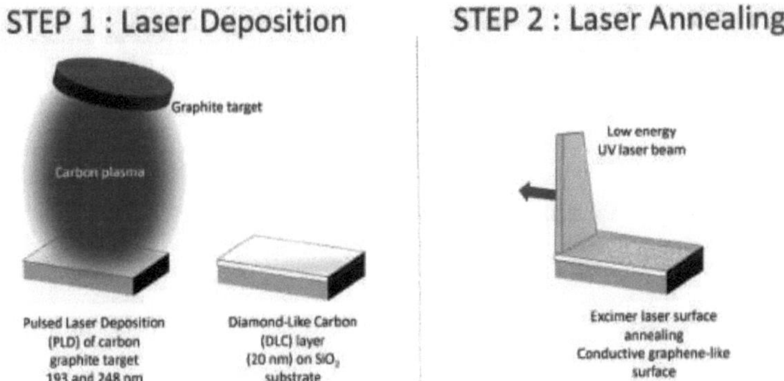

Fig. 5. Esquema da técnica de <u>PLD</u>. Reproduzido com permissão da Ref.

Preparação de películas finas

Segue-se uma categorização das películas finas e **o Quadro 1** inclui algumas citações importantes da literatura sobre a deposição de películas finas. As deposições química e física são dois métodos para produzir películas finas de alta qualidade. Uma camada e o substrato sobre o qual as películas são depositadas são também componentes das películas finas. Além disso, as películas finas, como as células solares electrocrómicas e de película fina, podem ter muitas camadas.

Tabela 1. Diferentes métodos de deposição de película fina técnicas.

Deposição física	Deposição química
1. Técnicas de evaporação	1. Técnica Sol-gel
2. Evaporação térmica sob vácuo.	2. Deposição por banho químico
3. Evaporação por feixe de electrões.	3. Técnica de pirólise por pulverização
4. Evaporação de feixes de laser.	4. Revestimento
5. Evaporação do arco.	5. Técnica de galvanoplastia.
6. Epitaxia por feixe molecular.	6. Deposição sem eletrólise.
7. Evaporação da galvanização iónica.	7. Deposição de vapor químico (CVD)
8. Técnicas de pulverização catódica	8. Baixa pressão (LPCVD)
9. Pulverização catódica por corrente contínua (pulverização catódica DC)	9. Reforçado por plasma (PECVD)
10. Pulverização catódica por radiofrequência (pulverização catódica por radiofrequência)	10. Deposição de camadas atómicas (ALD)

Evaporação Métodos

Um dos primeiros métodos de instalação de películas finas é a evaporação, que é atualmente muito utilizada na indústria e no laboratório para depositar materiais semicondutores. De todos os processos de evaporação, a evaporação térmica ou a evaporação em vácuo é a mais popular. O mecanismo básico deste método implica a transição da fase de um material de sólido para vapor e vice-versa num substrato específico, no vácuo ou em condições de ar cuidadosamente reguladas.

Evaporação no vácuo

O método mais fácil para depositar películas finas amorfas, particularmente películas de calcogenetos como MnS [26], CdSSe [27], Ge-Te-Ga [28], e muitas outras, numa variedade de substratos é a evaporação sob vácuo. O material é vaporizado termicamente durante todo o processo; em seguida, é condensado de novo no substrato para regressar à sua condição sólida. A deposição de película fina policristalina de CuInSe2 que segue a fórmula de Boeing para a construção de células solares foi demonstrada por Klenk et al. Tipicamente, os precursores de Cu e Se foram evaporados para depositar a camada inferior. Enquanto a temperatura do substrato foi mantida a 490 °C, foi injetado in através da fase líquida. Este método baseia-se na existência de uma fase Cu-Se a baixa temperatura e também suporta o crescimento através da dissolução de In e Se na fase líquida

A evaporação por um feixe de electrões (EBV) é um processo físico. Um filamento produz um feixe de electrões, transferido através de campos magnéticos e eléctricos, antes de atingir o alvo e vaporizar o material num ambiente de vácuo. A abordagem EBV cria vários materiais, incluindo semicondutores cristalinos e amorfos, metais, óxidos e compostos moleculares. Utilizando um processo de evaporação por feixe de electrões e pastilhas de 4N-ZnO, as películas finas de ZnO padrão foram colocadas no substrato de quartzo. A temperatura de deposição variou então entre 200C e 400C. As películas foram recozidas a 500, 600 e 800 °C durante 1 hora após a deposição.

Um material é vaporizado utilizando um feixe de laser, como o KrF (248 nm) ou o XeCl (308 nm), para deposição em películas finas numa câmara de vácuo. Este processo é conhecido como evaporação por feixe de laser (deposição por laser pulsado, ou PLD). A qualidade de uma película fina depende de vários factores, incluindo o comprimento de onda do laser, a energia, a pressão do gás ambiente, a duração de um impulso, a temperatura do substrato e a distância entre o alvo e o substrato. Os tempos de deposição rápidos e a compatibilidade com o oxigénio e outros gases inertes são vantagens da PLD. Stock et al. utilizaram a abordagem PLD para mostrar a deposição de carbono tipo diamante. O laser foi direcionado para a superfície da fonte de grafite puro em alto vácuo. O material é ablacionado perpendicularmente à superfície do alvo quando o laser o bombardeia, e depois acumula-se no substrato posicionado paralelamente a ele. O substrato de silício é onde a camada é maioritariamente depositada.

Abordagem de pulverização catódica

O método mais fundamental e conhecido é a pulverização catódica, em que partículas de alta energia atingem a superfície de um material substrato enquanto este é aquecido a uma temperatura elevada e sob vácuo para evaporar (ou expulsar) átomos.

Existem dois tipos de pulverização catódica: a) técnica de corrente contínua (CC) que utiliza materiais-alvo condutores de eletricidade e b) a maioria dos materiais dieléctricos é pulverizada utilizando energia de radiofrequência (RF). As películas de nitreto de alumínio são um exemplo de pulverização por corrente contínua e por radiofrequência.

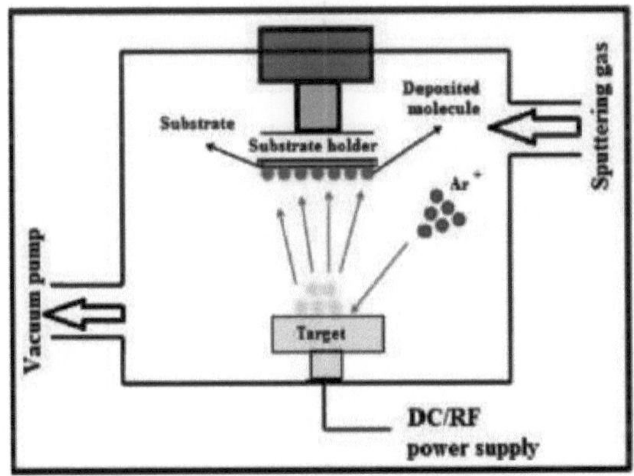

Fig. 6. A imagem do sistema de pulverização catódica. Reproduzido com permissão da Ref.

Técnicas de deposição química

As técnicas físicas de deposição de películas finas proporcionam películas finas de excelente qualidade, mas são dispendiosas e necessitam de muitos alvos. A produção de películas finas de alta qualidade pode ser efectuada através de uma variedade de processos de deposição química comummente utilizados e acessíveis. A deposição da película afecta o nível de pH, a química da solução e a viscosidade. A deposição química em fase vapor (CVD), a eletrodeposição, o sol-gel, o método de pirólise por pulverização e a deposição em banho químico são os procedimentos comuns de deposição química. As técnicas de deposição por banho químico e sol-gel são descritas na presente secção

Metodologia Sol-gel

É uma técnica química húmida bem conhecida, frequentemente utilizada para criar óxido de metal de transição. Para materiais multicomponentes, proporciona uma melhor uniformidade a temperaturas mais baixas. O procedimento implica a criação de uma solução coloidal e a sua transformação em géis viscosos ou substâncias sólidas. Esta abordagem utiliza alcóxidos, em que o grupo alcóxi é hidrolisado para criar uma rede de óxido macromolecular, seguida de processos de policondensação.

As seguintes abordagens podem ser utilizadas para depositar camadas finas a partir do sol:

- (i) Revestimento por rotação; (ii) Revestimento por imersão; e (iii) Pulverização

O método de revestimento por imersão

Uma técnica comercial desactualizada de deposição de película fina é o revestimento por imersão. Esta técnica consiste em mergulhar o substrato na solução de revestimento e depois retirá-lo cuidadosamente para obter uma camada uniforme de até 1 m.

O método de revestimento por centrifugação

Num processo conhecido como revestimento por rotação, as películas finas são depositadas em substratos enquanto os substratos giram perpendicularmente à região de revestimento. A vantagem do revestimento por rotação é que pode criar rápida e facilmente películas altamente uniformes com espessuras que variam entre os nanómetros e os microns.

Técnica de deposição por banho químico

As técnicas físicas de deposição de películas finas são dispendiosas e exigem um grande esforço, mas os resultados são películas finas de qualidade superior. A produção de películas finas de alta qualidade pode ser efectuada através de uma variedade de processos de deposição química comummente utilizados e acessíveis. A deposição da película afecta o nível de pH, a química da solução e a viscosidade. A deposição química em fase vapor (CVD), a eletrodeposição, o sol-gel, o método de pirólise por pulverização e a deposição em banho químico são os processos de deposição química mais comuns. As técnicas de deposição por banho químico e sol-gel são descritas nesta parte.

Síntese eléctrica

Para criar películas finas com rácios elevados de área de superfície/volume, a síntese eletroquímica de películas finas é um processo que é simultaneamente eficiente e acessível. Zhu et al. discutiram a criação de películas finas de WO_3 e a sua oxidação fotoelectrocatalítica da água. Os processos electroquímicos, incluindo a anodização eletroquímica e a eletrodeposição catódica, foram frequentemente utilizados para criar películas finas de WO_3. A aplicação de potenciais e/ou densidades de corrente provoca a anodização eletroquímica, com o metal a atuar como ânodo. As semi-reacções numa célula PEC configurada tanto no ânodo como no cátodo são apresentadas nas Eqs. (1) e (2). (13)M + H2O MOx + H+ e-(14): Ânodo. Onde M representa o metal, o cátodo compreende H2O, OH, + H2, + 2e. A equação (1) descreve a expansão da camada de WO3, enquanto a equação (2) descreve o desenvolvimento de H2 no cátodo. Dois processos distintos estão envolvidos na eletrodeposição catódica: (a) diminuição do estado de oxidação e deposição de metal nos eléctrodos e (b) aumento do pH interfacial e supersaturação local que resulta na precipitação de óxido de metal. Alterando as condições de preparação, é possível modificar as propriedades do WO3 nanoestruturado, tais como o tamanho, a espessura e a composição.

Processo hidrotermal

Uma das várias abordagens para a criação de nanomateriais é o processo hidrotérmico. Em comparação com outras abordagens, o processo hidrotérmico tem a vantagem de utilizar estruturas cristalinas a temperaturas relativamente baixas, que se depositam a um ritmo relativamente elevado. No entanto, é bastante difícil regular a composição química. Por conseguinte, esta técnica é menos utilizada para a síntese de películas finas. Shimora et al. sintetizaram a solução sólida de zirconato de chumbo utilizando a técnica hidrotérmica para melhorar a cristalinidade das películas finas. Embora esta abordagem exigisse duas etapas para produzir uma película fina, o seu objetivo era regular a nucleação e o crescimento do material para produzir material cristalino superior. Este material pode ser criado como uma película fina num só passo. A técnica hidrotérmica foi utilizada por Urgessa et al. para mostrar a produção de películas finas de nanobastões de ZnO lisas e bem definidas. A alteração do teor de ácido cítrico mostrou que a nucleação e o desenvolvimento da via hidrotérmica podem ser efetivamente controlados. Os investigadores estão a empregar técnicas hidrotérmicas simples para criar uma melhor película fina.

A deposição química de vapor (CVD) cria películas finas a partir de processos químicos que se iniciam na fase gasosa. A terapia de plasma de descarga eléctrica ou térmica inicia a reação ou a deposição. Outros complexos e substâncias redutoras, como os complexos de amoníaco, e várias substâncias halogenadas, como cloretos, fluoretos, brometos e outras substâncias organometálicas, são utilizados para iniciar uma reação química que resulta na deposição de um componente metálico. O componente volátil sai da câmara de reação quando o composto ou elemento químico se dissolve e depois condensa/reage, depositando-se na superfície do substrato. As reacções para a deposição de metal são apresentadas nas Eqs. (3) e (4). $(15)HF(16) = WF_6 + 3H_2\ W + 6HF\ H_{62} + 6\ HCl + 6\ WCl_6$

A temperatura varia entre 1100 °C e 350 °C e é um fator-chave na CVD. A formação de precipitados ou partículas resulta da reação química na fase gasosa. Os principais factores determinantes da qualidade da película fina são a cinética da reação, a preparação da superfície, a pureza dos precursores, a temperatura da reação, o caudal de gás e as condições da câmara. A deposição também pode ser efectuada a uma pressão normal, alta ou de vácuo, assegurando que ocorre num ambiente inerte e de baixa temperatura. A temperatura de reação necessária para levar a cabo uma reação é significativamente reduzida pela ativação por plasma. Em geral, a deposição superficial é regulada pela reação, o que significa que a distribuição angular dos reagentes que entram deve ser extremamente baixa e que é possível uma deposição mais dependente da direção, quando comparada com os métodos PVD. Embora a pulverização catódica e outros métodos não tenham sido ultrapassados pelas técnicas de CVD, tal pode dever-se às diferenças nas microestruturas, defeitos da película e densidade. O plasma e a CVD a baixa pressão que foram activados ou melhorados são as técnicas mais utilizadas na deposição de metais.

LPD, ou deposição em fase líquida

Um dos procedimentos húmidos para a produção de películas finas de óxido metálico é o método LPD. Estes métodos permitem a formação consistente de películas finas de óxido ou hidróxido de metal numa variedade de substratos, simplesmente submergindo-os numa solução aquosa de sais [50]. Utilizando a troca de ligandos com uma reação como a hidrólise, atingindo o equilíbrio de reação do complexo metal-flúor (MFx (x2n)) e o processo de consumo de iões fluoreto utilizando o ácido bórico como seu sequestrador, podem ser formadas películas finas de óxidos metálicos. Após o processo ter atingido o equilíbrio de troca de ligandos, o MFx (x2n) foi hidrolisado com água:(Reação de deposição) $MOn + xF + 2\ nH+ = MFx(x2n)- + nH_2\ O$.

O ácido bórico, um sequestrador de iões F que interage facilmente com F para criar um complexo estável como se vê abaixo, é então adicionado, deslocando a reação para a direita. (Reação de consumo de F) $H3BO3 + 4H+ + 4F = HBF_4 + 3H_2\ O$.

Consequentemente, a técnica LPD é uma forma especial de produzir diferentes tipos de películas finas de óxido metálico. Em contraste com os procedimentos em fase gasosa, a LPD é um processo bastante simples que não necessita de qualquer equipamento especializado, como um sistema de alto vácuo. Além disso, é facilmente aplicável a uma variedade de tipos de substratos com vastas áreas de superfície e morfologias de superfície complicadas em circunstâncias ambientais

Características físico-químicas das películas finas fotocatalíticas

É necessária uma estratégia de caraterização não normalizada para películas finas ou revestimentos. Foram utilizados numerosos métodos para caraterizar ou analisar películas finas quanto à sua composição e forma superficial e, na maioria das situações, a espessura da película é crucial, uma vez que pode alterar ou ter um impacto no portador e nas características ópticas. Algumas das formas preferidas de sondagem incluem fotões e electrões. Os procedimentos são enumerados no **Quadro 2** por sonda ou feixe incidente.

O quadro 2 enumera os vários métodos de sondagem utilizados e as informações que produziram.

Feixe de sondagem	Técnicas	Informações obtidas
Fotões	Espectroscopia de fotoluminescência (PL)	Propriedades de luminescência, defeitos

Feixe de sondagem	Técnicas	Informações obtidas
	Espectroscopia de fotoelectrões de raios X (XPS)	Estados de superfície da química e composição da superfície
	Difração de raios X (XRD)	Estrutura cristalina e sua fase cristalina
	Espectroscopia de infravermelhos com transformada de Fourier (FTIR)	Grupos funcionais na superfície
Eletrão	Microscopia eletrónica de varrimento (SEM)	morfologia da superfície e espessura
	Microscopia eletrónica de transmissão (TEM)	Micro e nanoestrutura, arranjos da estrutura atómica
	Microscopia eletrónica de dispersão de energia (EDS)	Composição da superfície e sua distribuição
	Microscopia eletrónica Auger	Composição elementar da superfície

Feixe de sondagem	Técnicas	Informações obtidas
Outros métodos	Métodos de sonda de varrimento	Rugosidade e espessura da superfície, topografia
	Métodos de sonda atómica	Distribuição de átomos

Técnicas de feixes de fotões incidentes exame de superfícies

Os fotões de raios X produzidos podem atingir profundidades de até vários micrómetros no material (ver Fig. 7). Contudo, devido ao menor comprimento de percurso do fotoeletrão, certos métodos, como a XPS, são sensíveis à superfície. Na maioria dos sistemas XPS, são utilizados fotoelectrões com energias cinéticas entre 300 e 1500 eV. A profundidade da amostra situa-se normalmente entre 0,5 e 3 nm (cerca de 3 a 5 camadas de átomos) devido ao curto comprimento do percurso. De acordo com a profundidade do exame, a intensidade dos electrões pode decair realisticamente nos átomos abaixo da superfície entre 68 e 10 nm, criando um modo não destrutivo. Normalmente, foi utilizada uma das duas modalidades para obter os dados. O espetro de levantamento ou varrimento largo (varrimento amplo) fornece frequentemente dados sobre toda a gama. As janelas mais pequenas são particularmente úteis para clarificar o estado químico da molécula, e as varreduras estreitas recolhem a maior resolução energética da superfície. A abordagem tem vários problemas que precisam de ser resolvidos, apesar de ser essencial para a análise e mapeamento elementar. É necessário um vácuo elevado, a área de análise é pequena, o conhecimento dos compostos químicos específicos é escasso e a pulverização catódica pode ser difícil. A **Fig. 7 mostra** um varrimento amplo e estreito dos espectros XPS de nanopartículas de Co3O4.

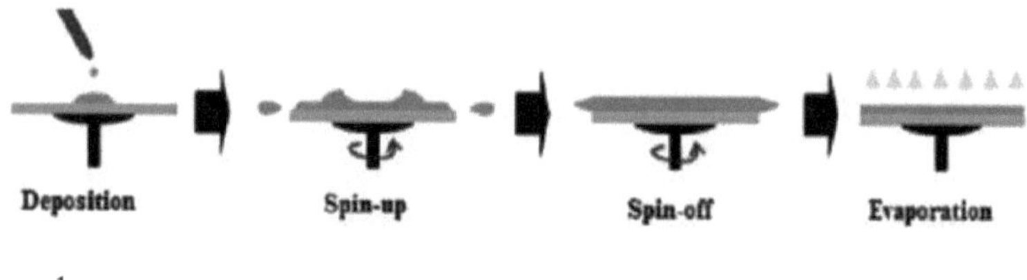

1.

Fig. 7. Processo de **Spin Coating**. Reproduzido com permissão da Ref.

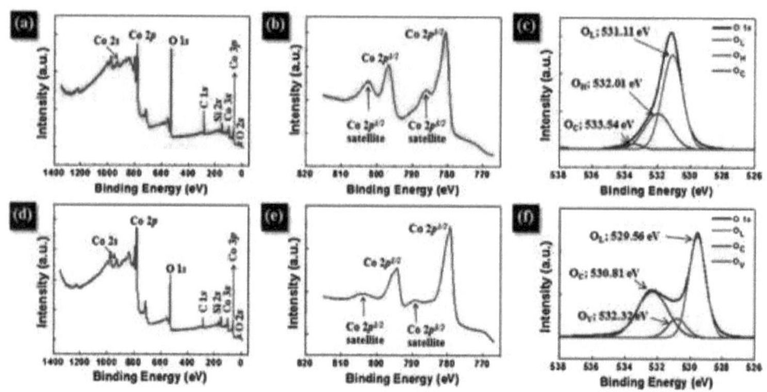

Fig. 8. a) Espectros <u>XPS</u> de varrimento completo,

(b) Os espectros de varrimento estreito das NPs de $Co(OH)_2$ e

(c) os espectros de varrimento estreito de O(1s) e os seus subpicos desconvoluídos.

(d) O espetro de varrimento completo XPS,

(e) O espetro de varrimento estreito do Co 2p, e

(f) O espetro de varrimento estreito de O 1 s com os seus subpicos desconvoluídos de NPs de p-Co3O4. Ref. [54] é reproduzida com autorização.

Composição cristalina

Um dos métodos fundamentais e adaptáveis para identificar ou determinar a estrutura cristalina e a fase é a utilização de técnicas de difração de raios X. Esta abordagem utiliza frequentemente a técnica de difração de grande ângulo, que está ligada às reflexões de Bragg produzidas por cristais de rede correspondentes a 2 na gama de 5° a 170° para um tubo de raios X específico. Para esta descrição, não são necessários grandes ângulos entre os fotões incidentes ou os raios dispersos na camada fina. No entanto, a difração de grande ângulo fornece detalhes delicados sobre a constante da rede, a textura, as tensões e a estrutura cristalina. A informação fundamental do ângulo de difração dos máximos de interferência e o espaçamento d dos planos da rede associados são utilizados para obter esta informação.

$2\theta \sin \theta = m\lambda$, em que o comprimento de onda é, e m é um número inteiro que indica a ordem de reflexão.

Têm várias limitações, tais como o facto de só poderem oferecer quantidades significativas de informação e necessitarem de pelo menos 1 a 5 por cento em peso do material para a identificação da fase, para além da sua força na diferenciação entre fases distintas e tamanhos de deformação. Se não houver variação na densidade de electrões entre os planos da rede, é impossível determinar a espessura da película e o seu pico. **O Quadro 3** enumera muitos tipos de fotocatalisadores de película fina baseados em óxidos metálicos e seus híbridos para várias utilizações fotocatalíticas, incluindo a criação de hidrogénio, a redução de CO_2, a decomposição de corantes orgânicos e a eliminação de bactérias.

A Tabela 3 enumera várias películas finas fotocatalíticas e as suas utilizações.

Películas finas	Aplicações
TiO_2 , Ag/TiO_2 , $Fe\,O_{23}$,	H_2 geração
WO_3 , ZnO	

Películas finas	Aplicações
TiO tipo n modificado com carbono /Ag_2	
Alfa-Fe granular O_{23}	
Películas finas de TiO_2 dopadas com iões Cr e Fe	
Película fina híbrida PbS/ZnO, nanotubo CuO-TiO_2	
Nanobastões/mesoporos/estrutura em bloco TiO_2	
Deposição de TiO_2	Geração eletroquímica de H_2
CdS/ZnS/Ru	Geração simultânea de H_2 e degradação do ácido fórmico
películas finas de Cu_2O do tipo n e do tipo p	do CO_2 em CH_4 e CH_{24}
Filmes finos de nanobastões de TiO_2 depositados em Cu 1D $^{2+}$	CO_2 para metanol e etanol

Películas finas	Aplicações
$Cu_x O$- $SrTiO_3$	CO_2 para CO
Catalisador electrodepositado $Sn/SnOx$	CO_2 redução a HCOOH e CO
TiO_2 -MnOx-Pt	CH_4 e CH_3 OH
Filmes de TiO -anatase$_2$	Degradação fotocatalítica do tricloroetileno
Películas finas de TiO_2 com tampão de Au	Degradação do azul de metileno
TiO /SiOx$_2$	Degradação do corante
Películas finas de ZnO	Degradação do azul de metileno
ZnO depositado sobre silício	Degradação do corante
Nanobastões de ZnO (NRs) crescidos numa película de ZnO de 3 nm	Degradação do corante
α- Fe O$_{23}$ películas finas em substratos de Si (100)	Degradação do corante
$SrTiO_3$ alfa-Fe O$_{23}$ películas finas	Degradação do corante

Películas finas	Aplicações
Fe O_{23} películas finas depositadas sobre SnO_2	Desintegração do 2-naftol
PbO/TiO_2	Degradação do ácido esteárico
Ag/TiO_2 , $C70\text{-}TiO_2$	Desinfeção bacteriana
Al O_{23} -dopado com TiO_2, TiO dopado com N_2 dopado com S e dopado com N,S	Desinfeção de *Escherichia coli (E.coli)* e *Staphylococcus aureus (S.aureus)* *E.coli, S.aureus e Streptococcus pyogenes*
Filmes de TiO -Ag_2	Desinfeção de *P. aeruginosa*
Ti Nb_{1-xx} Películas de N-Ag	Desinfeção de *E.coli*

Propriedades fotoluminescentes

Os métodos de espetroscopia ótica utilizados para a caraterização de materiais ópticos incluem PL e FTIR. Através da investigação da espetroscopia PL, são investigadas as características de fotoluminância do material. O diagrama de Jablonski fornece uma descrição do princípio físico. Também fornece informações sobre potenciais falhas no cristal. Os fotões que foram absorvidos pelo material e depois libertaram novamente o mesmo número de fotões, geralmente com uma energia ligeiramente inferior, é o mecanismo em funcionamento. Devido ao seu carácter não destrutivo, pode ser utilizado em soluções sólidas, líquidas e moléculas gasosas. Analisa as energias de distribuição envolvidas no processo de absorção e emissão. Uma ferramenta fantástica para compreender o tempo de vida do eletrão num material fluorescente é a relação entre a intensidade PL e o tempo de função. Este método pode fornecer uma resolução temporal tão curta como femtossegundos, da ordem da largura da fenda do impulso laser. Assim, é possível estudar o declínio do tempo de vida de um material fluorescente. A espetroscopia PL é um método flexível para estudar materiais fluorescentes.

Outro instrumento que pode fornecer pormenores importantes sobre os grupos funcionais presentes ou sobre a composição dos materiais é a transformada de Fourier IR (IR). Como utiliza o infravermelho ou parte deste espetro, a espetroscopia de IV é um subconjunto da espetroscopia ótica. A intensidade do espetro infravermelho, que tem uma gama de comprimentos de onda de menos de 2 m a 30 m, é frequentemente baixa, e a espetroscopia FT é utilizada para converter os dados de forma mais eficaz e rápida. A FTIR pode ser utilizada tanto em ambientes como no ar, dependendo do tipo de estudo efectuado. Pode também monitorizar potenciais processos de adsorção, absorção (ambos em simultâneo) e decomposição. Os espectros podem ser obtidos nos modos de transmissão ou de absorção. A reflexão também pode ser captada em filme. Os sinais das películas finas podem ser comparados, medidos e discriminados. Pode também ser utilizado para determinar a composição e a espessura da película.

As características morfológicas

As técnicas de microscopia eletrónica de varrimento são muito úteis para examinar a estrutura e a topografia das superfícies. As imagens foram obtidas através da aceleração de electrões, que geraram electrões secundários ou retrodifundidos quando bombardeados, o que é feito através da varredura de um feixe de electrões focados sobre a superfície da amostra. A energia do feixe varia normalmente entre 100 eV e 30 K eV. Pode ser utilizada uma grande ampliação para adquirir e recolher a imagem dos electrões secundários [60]. Por conseguinte, a morfologia da superfície do material ou das películas finas pode ser muito melhorada. Para além de emitir raios X característicos, o feixe de electrões recebido pode ser utilizado para recolher dados sobre a composição elementar potencial da amostra. Isto pode ser feito utilizando detectores de raios X dispersivos em energia ou em comprimento de onda. A superfície de uma amostra é atingida por um feixe de electrões, o que provoca a retrodifusão de alguns electrões com energia comparável ou inferior, a estimulação de alguns electrões secundários inferiores, a produção de alguns electrões Auger e a excitação de alguns raios X distintos. É possível criar ou determinar a informação sobre a composição elementar da amostra utilizando vários tipos de detectores para cada um destes tipos de electrões ou fotões produzidos. O sistema EDXS recolhe os raios X, separa-os em grupos e plota-os com variações de energia, identificando e etiquetando involuntariamente os elementos presentes. O volume de interação da amostra, o número de substâncias presentes na superfície do substrato e a interação dos substratos podem conduzir a resultados tendenciosos quando se utiliza o EDXS para a análise de películas finas.

Estruturas à escala nanométrica e dimensão

A microscopia eletrónica de transmissão (TEM) é mais um método de microscopia eletrónica adaptável. Uma vez que são dispositivos multi-técnicos, os microscópios electrónicos podem fornecer uma vasta gama de informações sobre materiais, incluindo películas finas. Em teoria, o TEM é construído de forma semelhante a um microscópio de luz; a principal diferença é que o TEM utiliza electrões como fonte e resolução. O TEM utiliza um comprimento de onda de 0,0025 nm, aproximadamente idêntico à energia operacional de 200 kV. Ao mesmo tempo, o microscópio ótico normal utiliza a luz como fonte, que tem uma aberração de onda de 0,3 m. Em contraste com o MEV, o TEM pode fornecer informações mais valiosas, como a cristalinidade da amostra, bem como franjas de rede, espaçamento de rede e padrão de difração de electrões

A principal função do TEM é a interpretação da imagem, uma vez que esta é necessária para compreender a criação do contraste da imagem. A forte dispersão, que parece negra na imagem do microscópio eletrónico, é causada pela informação do espécime. O contraste dispersão-absorção é determinado pelo tamanho da abertura. Daí a expressão "abertura de contraste". Se esta abertura mudar, passarão mais raios deflectidos em vez dos feixes não dispersos. As regiões da amostra que apenas se dispersam ligeiramente parecem então todas pretas, mas as áreas da amostra que se desviam fortemente parecem brilhantes ("imagem de campo escuro"). Um substrato é também uma ferramenta crucial, uma vez que facilita a instalação de películas finas e a sua análise transversal e clara. O TEM de alta resolução é outro TEM que permite a aquisição de imagens ao nível atómico. O HRTEM facilita a análise do desajuste da rede e da distância interatómica. É possível analisar o desajuste da rede entre dois materiais diferentes e estimar tanto a distância como o tamanho. O TEM pode ser equipado com EDAX para obter imagens de partículas individuais e determinar a sua composição e outras propriedades.

Características adicionais

Características da superfície à escala atómica

O método SPM, um subconjunto da microscopia, foi desenvolvido de várias formas úteis para dar uma resolução à nanoescala sobre as características de películas finas e outros materiais. Abrange a topografia, a rugosidade, a dureza e a condutividade do material. As imagens são criadas devido à interação da sonda com a superfície e ao seu varrimento mecânico de canto a canto. Mantém o registo da interação entre a sonda e a amostra em função da localização da ponta durante o varrimento num padrão raster. Podem ser utilizados diferentes métodos de varrimento, dependendo das sondas utilizadas. As duas técnicas mais utilizadas são a STM e a AFM, sendo a AFM frequentemente designada por microscopia de força de varrimento (SFM). Utilizando estes conceitos, foram produzidos 20 métodos/técnicas distintos. A sonda é um componente crucial do instrumento e, consoante a resolução e a espessura da amostra, pode ser utilizada uma sonda separada para cada tipo de amostra. Dependendo da interface necessária, a resolução destas abordagens varia e, em certas circunstâncias, é possível uma resolução ao nível atómico. Uma técnica potente que permite obter imagens da superfície da amostra condutora até ao nível atómico é a microscopia de varrimento por tunelização (STM). O método STM baseia-se no tunelamento quântico de electrões entre duas superfícies quando estas são suficientemente aproximadas uma da outra para que as suas nuvens de electrões comecem a sobrepor-se.

Observando a corrente de tunelamento produzida como resultado da colocação da amostra e da sonda, uma baixa tensão de polarização da ponta e uma ponta de elétrodo atomicamente afiada são utilizadas para sondar a densidade dos estados electrónicos dos átomos que constituem a superfície da amostra

Por outro lado, a AFM cria imagens em vez da STM, que regista a corrente de tunelamento entre o elétrodo e a amostra. A utilização de AFM mostrou como um corante interage com pontos quânticos para criar uma estrutura híbrida. As imagens AFM da interação entre o corante, os QDs CdSe e o TiO2 são apresentadas na **Fig. 9**. O AFM monitoriza a força criada entre a superfície da amostra e a ponta e utiliza esta força para criar imagens. O AFM é um instrumento crucial para analisar a topografia da superfície de películas finas.

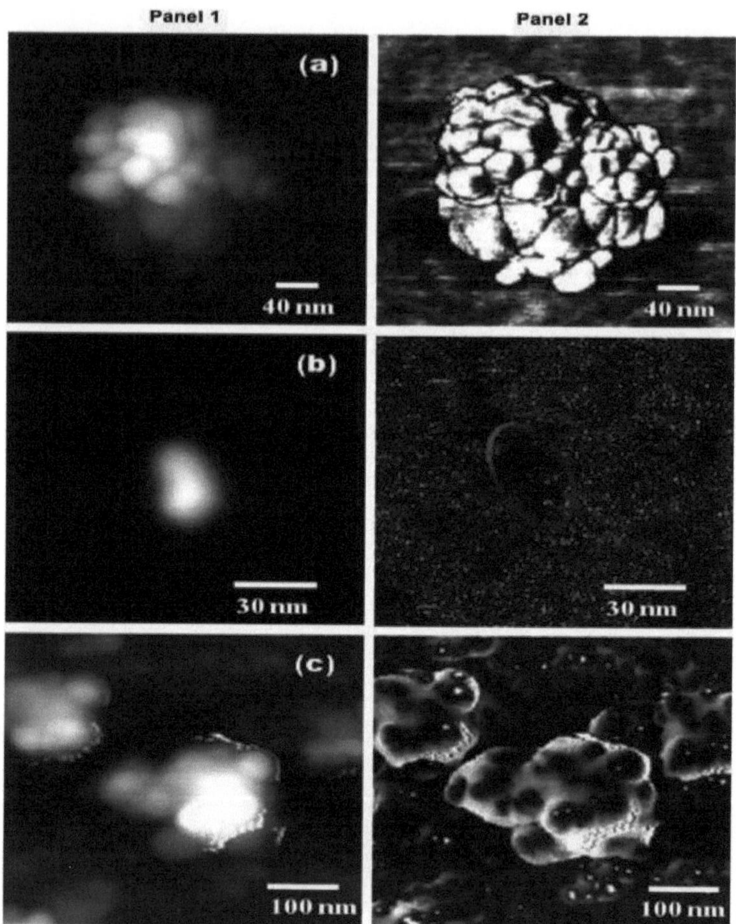

Fig. 9. Imagens AFM do TiO2, do corante TiO2/N719 e do QD TiO2/N719 corante-CdSe, respetivamente. A imagem da altura é mostrada no Painel 1 e a imagem da fase no Painel 2. Com autorização, as Refs. [64], [65] foram reimpressas.

Filmes finos de semicondutores nanoestruturados para fotocatálise

O hidrogénio é o tipo de energia mais puro, limpo, sustentável e isento de poluição. Para o desenvolvimento de H2, foram utilizadas várias películas finas de semicondutores, incluindo TiO2 mesoporoso, Ag/TiO2, WO3, Fe2O3 e ZnO. Sob luz visível, foram examinadas as propriedades de separação de água das películas finas de titânia mesoporosa formadas em eléctrodos de óxido de estanho dopado com flúor (FTO). O nanocompósito de TiO2 tipo n modificado com carbono (CM-n-TiO2), Ag/TiO2 em bolachas de pirex foi utilizado para a geração de H2 sob luz UV, que gera 147,9 ± 35,5 mmol/h/g de H2, no entanto, sem Ag, verificou-se que diminui drasticamente para 4.65 ± 0,39 mmol/h/g para as películas de TiO2 anatase e para 0,46 ± 0,66 mmol/h/g para as películas de TiO2 amorfo, atribuídas à atividade de luz visível de Ag/TiO246. Dado que as películas são porosas e têm uma área de superfície específica maior do que o pó de alfa-Fe2O3 e os catalisadores de TiO2, a taxa de evolução do hidrogénio para o alfa-Fe2O3 granular foi mais elevada. Tan et al. relataram a utilização da abordagem de pulverização catódica para depositar nanopartículas de Ru numa folha de grafeno para melhorar a produção de hidrogénio. A atividade catalítica electrocatalítica do material Ru/Grafeno para a produção de H2 e a desidrogenação do NaBH4 foi melhorada. As nanopartículas de Ru são efetivamente formadas na superfície do grafeno através do método de pulverização física.

Após 8 horas de reação sob irradiação UV, Huang et al. prepararam películas finas de TiO2 fotocatalíticas utilizando a técnica de deposição induzida por feixe de electrões (EBID). Foi observada uma fotocorrente de 2,1 mA para a película fina de TiO2 com pós-calcinação a 500 °C, enquanto as películas finas calcinadas a 700 °C apresentaram uma má adesão, resultando num fraco desempenho fotocatalítico. Devido à capacidade de os iões Fe reterem tanto os electrões como os buracos, impedindo a recombinação, enquanto o Cr só pode reter um tipo de portador de carga, a pulverização catódica por magnetrão de radiofrequência e um método sol-gel mostraram uma taxa de produção de H2 (mol/h) mais elevada para o TiO2 dopado com Fe (15,5 mol/h) do que para o TiO2 dopado com Cr (5,3 mol/h). De acordo com a investigação de Dholam et al., as películas finas de TiO2 preparadas por pulverização catódica magnetrónica por radiofrequência e o método sol-gel para a produção de hidrogénio por separação fotocatalítica da água sob iluminação de luz visível apresentaram melhores taxas de produção de H2 quando comparadas com o método sol-gel, principalmente devido à maior absorção de luz visível conseguida pelas vacâncias de oxigénio criadas na película de TiO2 pelos iões-alvo energéticos durante a deposição em Ar puro. Xu et al. provaram a produção de hidrogénio utilizando a humidade do ar. Substituindo o eletrólito líquido por polímeros condutores de protões, criaram uma célula eletroquímica de estado sólido. No cátodo, onde o cátodo de Pt/C foi substituído por C3N4 2D e instalado ao lado do foto-ânodo, o ânodo foi alimentado com ar com 80% de humidade relativa e árgon. Foi demonstrada uma melhoria de 3 vezes na produção de hidrogénio utilizando uma conceção em tandem.

Para criar películas finas de PbS/ZnO para a produção de hidrogénio fotocatalítico, Jaim et al. produziram películas finas de PbS do tipo p em substratos de vidro utilizando a deposição por banho químico antes de depositarem películas finas de ZnO do tipo n utilizando a pulverização catódica por magnetrão RF. Em comparação com as películas finas de PbS e ZnO, as películas finas de PbS/ZnO produziram mais hidrogénio fotocatalítico (7,38 mol cm2h1), e um teste de voltametria de varrimento linear (LSV) revelou um efeito sinérgico entre as películas finas de PbS e ZnO para a geração e transporte de portadores de carga. A equipa de investigação examinou nanobastões (NR-TiO2), estruturas mesoporosas (MP-TiO2) e estruturas em bloco (BK-TiO2) que tinham sido fabricadas utilizando uma técnica de deposição induzida por feixe de electrões ou um procedimento de auto-montagem induzido por evaporação. Devido à sua maior área de superfície e ao gradiente de concentração menos acentuado, a película fina de NR-TiO2 produziu a maior fotocorrente líquida sob irradiação de luz UV, 0,747 mA, com rendimentos de hidrogénio e oxigénio de 35,8 e 17,2 mol, respetivamente, após 8 horas. A película fina de TiO2 com maior cristalinidade demonstrou um melhor desempenho tanto na fotocorrente como no processo de separação de água, como demonstrado por BK-TiO2 e MP-TiO2. Com a degradação simultânea do ácido fórmico, a película de catalisador CdS/ZnS/Ru demonstrou um aumento da produção de hidrogénio de 123 mol/m2/h sob luz visível e 135 mol/m2/h sob luz solar simulada. O Ru aumentou ainda mais a atividade fotocatalítica, enquanto a camada de ZnS reduz a recombinação e aumenta a estabilidade do CdS. De acordo com a comparação de Nalajala et al. das formas de pó e de película fina do fotocatalisador TiO_2 para a evolução do H_2 (**Fig. 10(B)**), a forma de película fina de 1 mg de Pd/TiO_2 (P25) produz 11 a 12 vezes mais H_2 do que a forma de pó de 25 mg. A maior parte do catalisador revestido na forma de película fina tem uma taxa de absorção de luz mais elevada, o que leva a uma melhor utilização da área de superfície fotocatalítica. A absorção igual da luz por todos os fotocatalisadores com o aumento do volume do reactante não é possível na forma de partículas (ver **Fig. 10**).

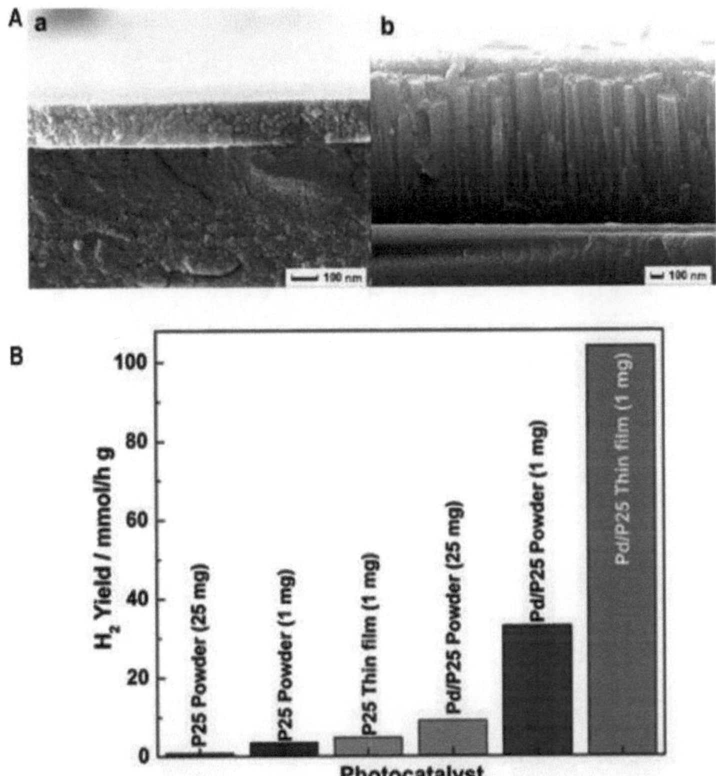

Fig. 10. A. Micrografias SEM de uma secção transversal de TiO$_2$ depositado por a) sol-gel b) RF magnetron sputtering.

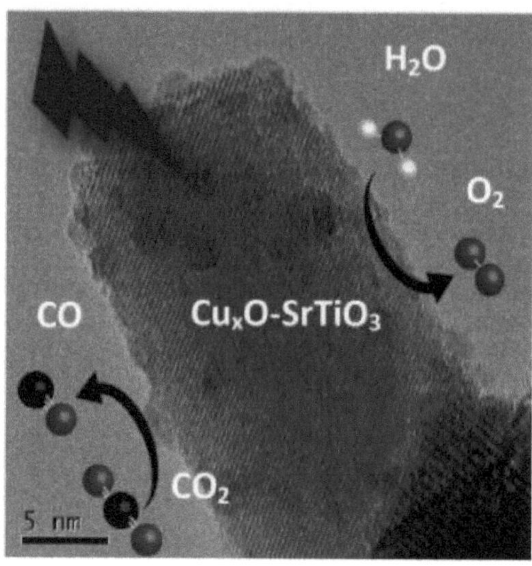

Fig. 11. Mecanismo de redução do CO_2 em Cu O-SrTiO $_{x3}$.

Redução fotocatalítica do CO_2 em produtos químicos valiosos. A necessidade de energia aumenta à medida que as indústrias se expandem rapidamente. A quantidade de CO2 na atmosfera aumenta devido à queima de combustíveis fósseis. A causa fundamental do aquecimento global, que provoca graves catástrofes naturais, é o aumento do CO2. Consequentemente, a recolha e utilização de CO2 para aplicações ecológicas e de energias renováveis é uma área de estudo crucial. Devido à contribuição combinada de Cu2O e nanopartículas de Cu pontilhadas, as películas finas de Cu2O do tipo n e do tipo p formadas num substrato de Cu convertem CO2 em CH4 e C2H4 com uma melhor seletividade para C2H4. Para a redução fotocatalítica de CO2 sob luz UV, que produz metanol e etanol como principais produtos, foram examinadas películas finas de nanobastões de TiO2 depositados com Cu2+. Estas películas foram feitas utilizando métodos de adsorção de catiões sequenciais hidrotermais e assistidos por ultra-sons. Uma taxa de fluxo de 2 mL/min e uma temperatura do sistema de reação de 80 °C resultam num rendimento máximo de 36,18 mmol/g.cat/h de metanol e 79,13 mmol/g.cat/h de etanol quando se utiliza 0,02 M Cu2+. Os iões Cu2+ e as nanoestruturas unidimensionais (1D) foram adicionados às películas finas de nanobastões de TiO2 com Cu2+, aumentando os limites de transporte de fotões e produzindo actividades fotocatalíticas extremamente eficazes. Para evitar a recombinação eletrão-buraco e reduzir o intervalo de banda do TiO2, os iões Cu2+ actuaram como sítios activos de armadilhas de electrões. Devido a uma interação sinérgica entre a deposição de Cu2+, a grande área de superfície dos nanobastões de TiO2 e uma melhor transferência de massa nos reactores planares optofluídicos (OPMR), as taxas de fotorredução de CO2 aumentaram drasticamente. demonstrou a conversão fotocatalítica de CO2 em CO utilizando CuxO-SrTiO3 sob irradiação UV como fonte de electrões. Devido à carga do aglomerado de CuxO e à forte banda de condução do SrTiO379, a redução melhorou.

De acordo com Chen et al., em comparação com um elétrodo de folha de Sn normal com uma camada de SnOx nativa, o catalisador Sn/SnOx electrodepositado demonstrou uma catálise de redução de CO2 significativamente melhorada. Mais de 99% dos produtos de redução em electrólitos de NaHCO3/CO2 para ambos os eléctrodos eram CO, HCO2H e H2.

É utilizada uma técnica simples de foto-deposição para depositar seletivamente nanofolhas de MnOx e nanopartículas de Pt em cada faceta do compósito TiO2MnOxPt, que tem uma junção superficial entre facetas. As duas heterojunções criadas por esta conceção são a junção p-n entre MnOx e a faceta TiO2 e a junção metal-semicondutor entre Pt e TiO2. A redução da recombinação é causada por ambas e pela heterojunção de superfície entre as facetas. Devido à sua ação combinada, o fotocatalisador compósito apresenta um maior rendimento de CH4 e CH3OH, que é três vezes superior ao das películas de nanofolhas de TiO2 puro. (Ver **Fig. 12**).

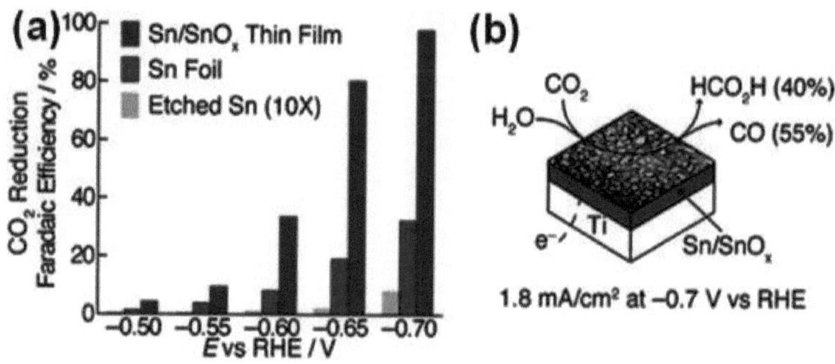

Fig. 12. a) Eficiência de redução do CO_2 por Sn/SnO$_x$ b) Mecanismo de redução do CO . $_2$

Desintegração de corantes orgânicos perigosos no tratamento de águas

Em comparação com as películas de titânia, as películas porosas de TiO2-anatase fabricadas através de um método sol-gel apresentaram uma melhor degradação foto-catalítica do tricloroetileno (TCE). A maior área de superfície específica foi registada nos solues de titânia fabricados com polietilenoglicol, um composto gerador de poros (Ss = 43 m2/g). O TiO2 poroso apresenta uma conversão de TCE cerca de 20% superior à das películas espessas. A espessura, a área de superfície e a porosidade do revestimento têm um impacto significativo na atividade fotocatalítica. A taxa de deterioração é melhorada pelo aumento da porosidade e da área de superfície porque sugerem uma maior interação com uma superfície exposta ao TCE. Baradaran et al. revelaram a influência da concentração de Al na película fina de ZnO na atividade fotocatalítica. O Al é incorporado entre as camadas de ZnO para alargar o intervalo de banda, o que aumenta a atividade fotocatalítica para a decomposição do azul de metileno em 95,2%. A criação de TiO2 e a melhoria da sua atividade fotocatalítica utilizando partículas de MnO2 e Pt são mostradas na **Fig. 13**.

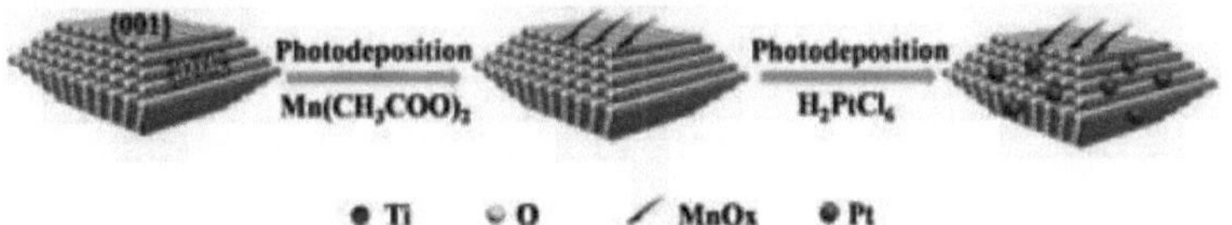

Fig. 13. O processo de foto-deposição selectiva de nanoflocos de MnOx e Pt em TiO anatase₂ (001) e (101) facetas.

A pulverização catódica por magnetrão de radiofrequência foi utilizada para criar películas finas de TiO2 com tampão de Au, que tiveram um aumento de 50% na atividade fotocatalítica para a decomposição do azul de metileno. Embora o TiO2 tamponado com Au seja calcinado a 600 °C, o aumento da área de superfície específica e o tamanho cristalino da anatase aumentam a atividade fotocatalítica, diminuindo a rugosidade da película. De acordo com Sakthivel et al. [86], a concentração de Au, Pt e Pd afecta a eficiência da fotocatálise. A fotoactividade é ainda aumentada pela distribuição homogénea de nanoagregados de Au e microrredes de Ag sobre a superfície do TiO2. Devido à capacidade da camada tampão de Au para minimizar a recombinação dos portadores de carga, as películas finas de TiO2 com tampão de Au amorfo apresentam uma atividade fotocatalítica mais forte do que as películas finas de TiO2 anatase puro. Como resultado, há mais espaços para a formação de radicais hidroxilo, o que aumenta a fotodegradação.

Quando comparado com o polieteno (feito de LDPE de baixa densidade)/TiO2, o polímero fluorado Tedlar, composto por unidades de fluoreto de polivinilo (CH2 CHF) n e perileno, mostrou uma atividade aproximadamente duas vezes superior para a degradação fotocatalítica de azo-corantes. As camadas duplas TiO2/SiOx preparadas por pulverização catódica por magnetrão RF induzem Ti3+ e melhoram a ação fotocatalítica. O aumento da separação dos portadores de carga dos pares eletrão-buraco na estrutura de dupla camada demonstrado pelos resultados de PL é consistente com o desempenho fotocatalítico das amostras.

Para compreender a relação entre a espessura e a ação fotocatalítica das películas, foi estudada a degradação do azul de metileno em películas finas de ZnO de várias espessuras criadas por deposição de camada atómica. Devido ao aumento dos portadores de carga gerados pela foto-absorção, a atividade fotocatalítica aumenta com a espessura. Em contrapartida, com uma espessura de película de 20 nm, a atividade fotocatalítica atinge a saturação. O ZnO foi depositado em polimetilmetacrilato e silicone para mover o processo num suporte flexível.

A maior cristalinidade do ZnO colocado sobre silício e a melhor degradação do MB demonstraram a importância da cristalinidade para a atividade fotocatalítica. Além disso, em comparação com uma película de ZnO de 30 nm, os nanobastões de ZnO (NRs) crescidos numa película de ZnO de 3 nm demonstraram uma maior atividade fotocatalítica, o que se deve à capacidade da maior espessura da película para limitar a absorção da luz. A influência da espessura foi investigada utilizando películas finas de Fe2O3 revestidas por RF magnetron sputter em substratos de Si (100). Afirmam que o aumento da fotoactividade com o aumento da espessura da película se deve a uma melhor dimensão dos cristalitos, o que resulta numa maior rugosidade da superfície e em valores mais baixos do intervalo de banda. A redução fotocatalítica do CO2 utilizando o híbrido TiO2/MnO2/Pt é apresentada na **Fig. 14**.

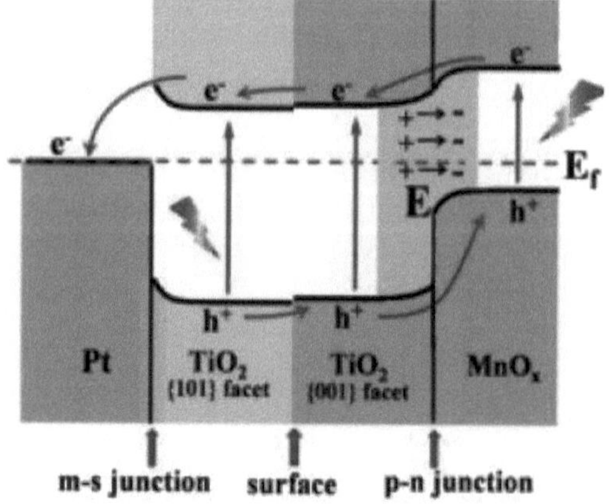

Fig. 14. Mecanismo de transferência de portadores de carga no compósito TiO₂ -MnOx-Pt.

Foram formadas películas finas de alfa-Fe2O3 em substratos de SrTiO3 e alumina, e foi analisado o impacto do substrato na atividade fotoquímica destas películas. Devido à capacidade da estrutura do substrato para reduzir a recombinação de cargas e aumentar a ação catalítica, o SrTiO3 demonstrou uma melhor atividade fotocatalítica. Tetsuro et al. prepararam películas finas de Fe2O3 em substratos de vidro revestidos com SnO2 utilizando um processo de deposição metal-orgânico, o que resultou numa desintegração do 2-naftol 20% melhor em condições de biassedação anódica. Esta melhoria é atribuível à redução da recombinação, conseguida através da remoção de electrões da superfície de Fe2O3 utilizando uma tensão anódica Filmes compostos de PbO/TiO2 criados

por Bhanu et al. através de deposição de vapor químico assistida por

aerossol. Estes autores demonstraram uma degradação do ácido esteárico

duas vezes superior à de estudos anteriores devido à absorção na gama do

visível da película composta de PbO/TiO2. O mecanismo de

fotodegradação da película fina híbrida Au/TiO2 produzida pela técnica

de pulverização catódica por magnetrão é apresentado na **Fig. 15**.

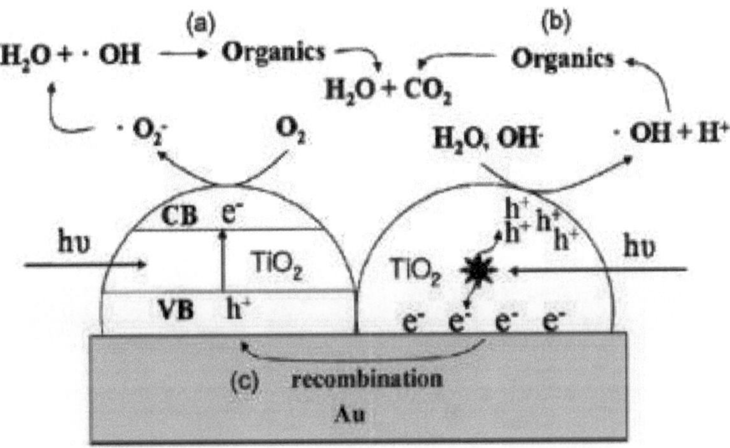

Fig. 15. Fotodegradação por películas finas de TiO_2 tamponadas com Au.

Desinfeção bacteriana por películas finas fotocatalíticas

A irradiação do fotocatalisador gera um par eletrão/buraco que reage com

a água da superfície para produzir radicais hidroxilo, que são oxidantes

potentes que causam a rutura da membrana bacteriana seguida da morte

das bactérias, como representado na **Fig. 16**. Foram avaliadas várias

películas finas de fotocatalisadores para a desinfeção bacteriana, tais como

TiO_2 , Ag/TiO_2 , $C70\text{-}TiO_2$ etc. Algumas são aqui enumeradas (**ver Fig. 17**).

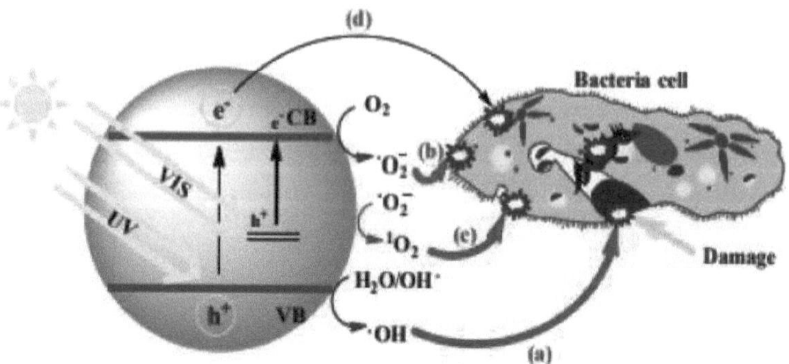

Fig. 16. Mecanismo de desinfeção bacteriana por películas finas de semicondutores.

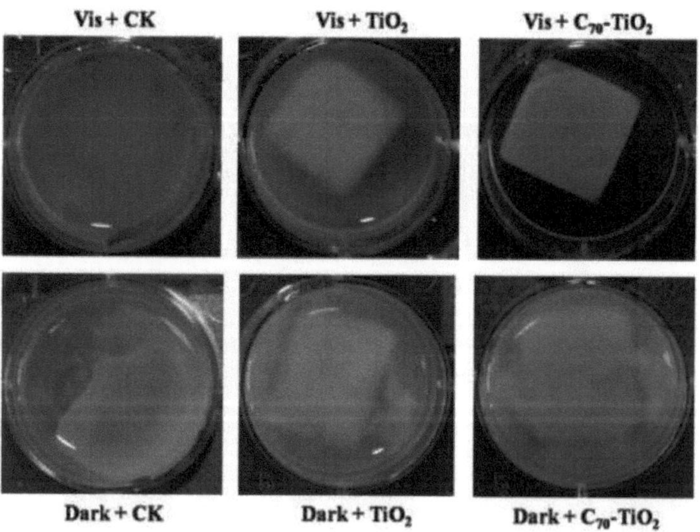

Fig. 17. Inibição do biofilme de *E.coli* O157:H7 por TiO_2 e $C70\text{-}TiO_2$. (CK refere-se ao controlo).

A eficiência de degradação das películas finas de TiO2 em fibra de vidro utilizando um processo de revestimento por imersão sol-gel à temperatura ambiente diminuiu para menos de 60% sem luz UV. A Escherichia coli Gram-negativa (E. coli) e o Staphylococcus aureus Gram-positivo resistente à meticilina (S. aureus, incluindo MRSA) podem ser mortos pela potencial superfície antibacteriana do TiO2 dopado com N. Por conseguinte, pode ser utilizado nos cuidados de saúde. S. aureus, E. coli e Streptococcus pyogenes são apenas alguns dos agentes patogénicos humanos contra os quais o TiO2 dopado com N é eficaz. Materiais dopados com S e N, materiais dopados com S e materiais melhorados dopados com N utilizando metais e carbono também mostraram ação antimicrobiana. A inativação de agentes patogénicos como E. coli e Enterococcus faecalis foi relatada por Oskal et al. Afirmaram a utilização de películas finas imobilizadas à base de isopropóxido de titânio num reator de placas. Também analisaram o perfil antibiótico da bactéria alvo, descobrindo que 99,9% dos germes foram erradicados após 180 minutos e 99,9% após 240.

Para a destruição fotocatalítica de E. coli, foi utilizada uma película fina de TiO2 dopada com Al2O3 num substrato de vidro Corning, demonstrando que a dopagem com alumina melhora significativamente a inativação de E. coli. As películas de TiO2 produzidas por sol-gel, TiO2 poroso (TiO2-PEG) e TiO2-Ag revestidas em fibra de vidro demonstraram 57%, 93% e 100% de efeitos antibacterianos contra a bactéria P. aeruginosa em 15 minutos, respetivamente. Isto deve-se à redução da recombinação do par eletrão-buraco e a um aumento do local de ativação da superfície causado pelo polietilenoglicol (PEG). A Escherichia coli O157:H7 foi fotocataliticamente desinfectada com sucesso pelo híbrido TiO2 modificado com 98C70 (C70-TiO2) na presença de irradiação de luz visível (> 420 nm). Com uma constante de taxa de desinfeção de k = 0,01 min1, três vezes superior à observada com TiO299, um teste de desinfeção mostra que 73% da destruição de E. coli O157:H7 ocorreu em 2 horas. Além disso, a melhor capacidade de adsorção de luz visível dos pontos de carbono, como os fulerenos (C60 e C70) e os nanotubos de carbono, que aumentam a eficiência de adsorção de luz visível do híbrido C70-TiO2, é a razão para a maior inativação do híbrido C70-TiO2.

De acordo com Rtimi et al., a inserção de Ag acelera ainda mais o processo de inativação. As películas de Ti1-xNbxN-Ag produzidas por uma mistura adequada de pulverização de baixa e alta energia têm ação antibacteriana contra E. coli. A maior absorção de luz visível e as interfaces de transferência de carga entre os fotocatalisadores são as causas da inativação. A economia e a viabilidade comercial de vários sistemas fotocatalíticos de produção de hidrogénio.

Três processos diferentes utilizam métodos foto-assistidos para produzir hidrogénio: fotocatálise, fotoelectroquímica e fotobiologia. Dado que a energia solar é uma fonte fiável de energia limpa, a utilização de processos foto-assistidos para produzir hidrogénio a partir dela pode ser a abordagem mais viável. O método fotocatalítico, abordado neste artigo de revisão, utiliza uma fonte de luz suficiente para ativar o semicondutor fotoactivo, que depois divide a água para gerar H2. Como demonstrado na **Fig. 18 (a) e (b)**, o elétrodo utilizado nos processos fotoelectroquímicos é construído de forma a poder gerar um potencial elétrico por si só quando exposto à luz solar.

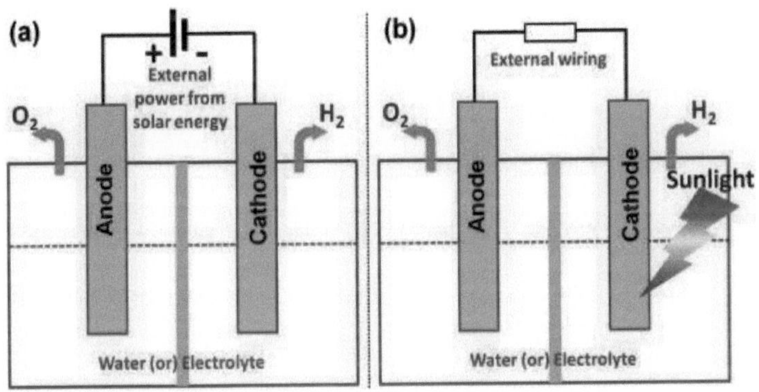

Fig. 18. (a) Sistema de eletrólise e (b) sistema de foto-eletrólise para a produção de H$_2$.

Tecnicamente, o intervalo de banda do semicondutor fotoactivo deve ser superior ao limite de 1,23 eV para dividir as moléculas de água e deve ultrapassar a resistência eléctrica do circuito fechado. Posteriormente, com base nesta preocupação, é utilizada uma pequena quantidade de polarização externa para aumentar o potencial do elétrodo e melhorar o processo fotoelectroquímico (PEC). Nos últimos tempos, a conceção do PEC foi melhorada através da criação de um dispositivo que utiliza um cátodo, um ânodo e **componentes** dispostos em camadas como um único sistema e mantidos na solução aquosa para produzir H_2. No entanto, tendo em conta a utilização da luz solar e outros desafios fundamentais na estrutura e na complexidade operacional do sistema, pode salientar-se que deverá ser necessária uma quantidade significativa de investigação e desenvolvimento para a **comercialização** da produção de hidrogénio através do processo PEC.

No processo fotobiológico, a separação da água será realizada utilizando microrganismos fotossintéticos oxigenados e/ou anoxigenados em **condições anaeróbias**. Esta técnica pode ser eficaz na produção de hidrogénio mesmo a partir de águas residuais. No entanto, a formação de $CO2$ é um problema quando se utilizam bactérias anoxigénicas na reação. Em alternativa, as bactérias oxigenadas são largamente utilizadas para produzir H_2, mas o rendimento é consideravelmente menor através deste processo. O processo fotobiológico pode ser classificado em (i) biofotólise direta, (ii) biofotólise indireta e (iii) foto-fermentação. O primeiro processo pode produzir H_2 diretamente a partir da água através da fotossíntese utilizando microalgas. No segundo processo (indireto), o H_2 pode ser produzido utilizando o processo de fotossíntese das microalgas e das cianobactérias. O terceiro processo, ou seja, a foto-fermentação, é um processo de exploração de um grupo diversificado de **bactérias fotossintéticas** para a conversão fermentativa de substratos orgânicos, sob luz solar, em H_2 e CO_2 , como se mostra na **Fig. 19.**

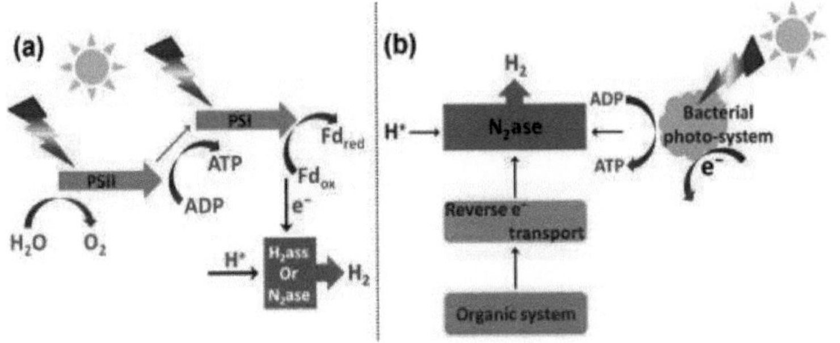

Fig. 19. (a) Biofotólise de algas verdes/cianobactérias e (b) foto-fermentação por bactérias fotossintéticas para a produção de H_2 .

Existem atualmente várias opções economicamente viáveis de produção de hidrogénio. No início, os sistemas de produção de hidrogénio em grande escala baseavam-se na utilização de combustíveis fósseis. No entanto, isso resultou num aumento acentuado das emissões de gases com efeito de estufa. A reforma a vapor do gás natural é reconhecida como a abordagem mais prática para a produção de hidrogénio do ponto de vista tecnológico e económico. No entanto, o preço do gás natural é o principal problema deste processo. Ainda não foi comercializada a síntese de hidrogénio utilizando abordagens foto-assistidas. No entanto, uma vez que a luz solar é uma fonte de energia significativa e renovável, a produção de hidrogénio por métodos foto-assistidos pode ser uma alternativa financeiramente viável. A utilização de artigos de baixa qualidade é possível através do fabrico de H2 por processos foto-assistidos. Este método é prometedor, mas ainda tem muitas limitações técnicas. Comparando os vários métodos de produção de hidrogénio, a metodologia foto-assistida constitui uma alternativa vantajosa e ecológica para uma produção crescente e generalizada de hidrogénio. Eventualmente, esta tecnologia foto-assistida pode desempenhar um papel fundamental e importante na próxima economia baseada na energia do hidrogénio e num ambiente melhor.

O foco principal da investigação futura na área das películas finas fotocatalíticas será a melhoria das características funcionais interfaciais e aspectos relacionados. Em termos das suas interacções interfaciais multifuncionais e características ajustáveis, as películas finas de materiais fotocatalíticos que são produzidas num substrato ou como estruturas autónomas são promissoras. Os fotocatalisadores convencionais podem ser diluídos para gerar uma vasta base com uma variedade de características catalíticas, químicas e eléctricas. As películas finas têm vantagens únicas devido à sua extraordinária flexibilidade, estabilidade e capacidades multifuncionais. Isto inspirou vários e diferentes sectores da ciência e da tecnologia nas áreas do ambiente, da energia e dos cuidados de saúde. A criação de películas finas fotocatalíticas, a sua produção e a sua utilização industrial são as três principais etapas que requerem um estudo intensivo. Outros materiais fotocatalíticos possíveis, como as perovskitas inorgânicas, as estruturas metal-orgânicas, etc., devem ser fabricados como materiais de película fina para o processo fotocatalítico e os materiais típicos à base de óxidos metálicos. Do mesmo modo, a adoção efectiva de películas finas independentes em aplicações à escala industrial depende em grande medida da sua produção. A este respeito, o desenvolvimento de materiais fotocatalíticos em grande escala exige simplicidade. As melhores estruturas para tal procedimento são as de película fina. Particularmente importantes para as aplicações industriais são os projectos de reactores para o processo fotocatalítico.

Todas as fases do processo fotocatalítico, incluindo a síntese, a dispersão no meio, a reciclagem, a recuperação e a eliminação, exigem um tratamento especial dos materiais fotocatalíticos tradicionais em pó. Além disso, os reactores devem ser optimizados de acordo com as suas características adicionais, incluindo a temperatura, a irradiação da luz, a base de um fotocatalisador no reator, etc. Tendo em conta estes factores, a implementação de películas finas para aplicações industriais, bem como a conceção de reactores, deve ocupar um lugar de destaque no ponto de vista das películas finas. Uma vez que as películas finas tiveram um efeito revolucionário nas células solares, o estudo cuidadoso das estruturas das películas finas e das suas características para aplicações fotocatalíticas pode ter um impacto significativo no desenvolvimento da ciência e tecnologia fotocatalíticas para utilização em aplicações energéticas e ambientais em grande escala.

Introdução

A existência e o desenvolvimento da civilização humana dependem em grande medida da energia. No entanto, o desfasamento entre a oferta e a procura de energia no mundo contemporâneo está a provocar uma crise energética. Por outro lado, a má utilização dos combustíveis fósseis tem também um impacto negativo significativo no ecossistema. Devido ao seu respeito pelo ambiente e à sua capacidade de renovação, a energia do hidrogénio é a alternativa limpa mais promissora aos combustíveis fósseis. A norma de segurança para o sector da energia do hidrogénio é estabelecida pelo armazenamento do hidrogénio, tendo em conta a produção, o trânsito e a utilização do hidrogénio. Devido à sua segurança e elevada densidade de energia volumétrica, o armazenamento de hidrogénio no estado sólido tem recebido recentemente um grande interesse entre todos os métodos de armazenamento de hidrogénio.

O Ti melhorou consideravelmente o desempenho do sistema de armazenamento de hidrogénio do NaAlH4. Mais significativamente, descobriram que o sistema podia, pela primeira vez, realizar absorção e dessorção reversíveis de hidrogénio em determinadas circunstâncias. Isto mostrou que os hidretos complexos poderiam eventualmente evoluir para um meio reversível de armazenamento de hidrogénio. Desde então, os hidretos complexos como o LiAlH4, NaAlH4, NaBH4, etc. têm suscitado um interesse crescente. O LiAlH4 foi escolhido como um dos materiais de armazenamento de hidrogénio mais promissores, uma vez que, de entre eles, tem a maior capacidade de armazenamento de hidrogénio (10,5% em peso).

O LiAlH4 sofre normalmente as seguintes reacções em três etapas para libertar hidrogénio:

(1) Li3AlH6 + 2Al + 3H2 = 3LiAlH4

(2)Li3AlH6 3LiH + Al + 3/2H

(3) LiH + 3Al 3LiAl + 3/2H2

A primeira fase da reação tem o potencial de libertar 5,3% em peso de hidrogénio, enquanto a segunda e a terceira fases têm o potencial de libertar 2,6% em peso de hidrogénio. O processo de decomposição da terceira fase exige uma temperatura elevada, superior a 400°C, que é demasiado elevada para uma utilização no mundo real. Por conseguinte, no nosso estudo, concentrámo-nos apenas nas duas primeiras fases de decomposição do LiAlH4. A forte estabilidade do LiAlH4 e a lenta cinética de desidrogenação impediram, no entanto, um maior avanço e uma utilização mais alargada. O LiAlH4 foi objeto de tentativas significativas para resolver os inconvenientes acima referidos, incluindo a moagem mecânica, a dopagem do catalisador e a combinação com outros hidretos metálicos/complexos

A adição de catalisadores demonstrou ser uma das formas mais bem sucedidas de aumentar as capacidades de armazenamento de hidrogénio dos hidretos metálicos ao longo das últimas décadas. As futuras aplicações em grande escala da energia do hidrogénio devem ter em consideração tanto o custo como o impacto catalítico das adições. Por isso, os catalisadores baratos e abundantes, como o ferro e os seus óxidos, estão a ser examinados em profundidade. Quando Varin et al. analisaram o impacto das adições micrométricas e nanométricas de Fe no comportamento de desidrogenação/hidrogenação do LiAlH4, descobriram que a adição de iões metálicos poderia dissolver-se na rede cristalina do LiAlH4, o que provocaria a sua expansão. De acordo com quem descobriu o mecanismo catalítico do Fe2O3 e do Co2O3 nas características de desidrogenação do LiAlH4, estas adições melhoram significativamente este processo. De acordo com a combinação LiAlH4-FeCl2 criada utilizando a técnica de moagem criogénica de bolas tem excelentes capacidades de desidrogenação e pode libertar hidrogénio a temperaturas mais baixas. Além disso, o MgH2 e outros materiais de armazenamento de hidrogénio respondem favoravelmente à atividade catalítica do Fe e derivados relacionados. Além disso, a ausência de parâmetros cinéticos impede a construção de uma modelação cinética completa da decomposição do LiAlH4. Apenas a energia de ativação (Ea), que pode descrever a dificuldade de desidrogenação do LiAlH4, tem atualmente uma importância fundamental no estudo da cinética da decomposição térmica. De acordo com a energia de ativação, o SrFe12O19 tem um bom impacto catalítico na dessorção do LiAlH4. Uma vez que o valor de Ea diminuiu significativamente em comparação com as amostras não dopadas, as amostras dopadas com SrFe12O19 eram mais reactivas e mais simples de dessorver o hidrogénio. Na sua análise da cinética de decomposição térmica do LiAlH4 utilizando o método Kissinger, descobriram que as energias de ativação das primeiras reacções em duas fases do LiAlH4 moído são 104 kJ/mol e 112 kJ/mol. A energia de ativação diminuiu em 30 kJ/mol e 15 kJ/mol quando o catalisador foi adicionado. Adicionalmente, foram efectuadas experiências isotérmicas para examinar o processo cinético da desidrogenação de hidretos metálicos e hidretos complexos. Com base na abordagem isotérmica, verificaram que as energias de ativação aparentes são 82 kJ/mol e 90 kJ/mol, respetivamente, e os factores pré-exponenciais são 2,3E10 e 4,9E10, respetivamente. Foram criados novos modelos cinéticos para a absorção e dessorção de hidrogénio do NaAlH4 e do Na3AlH6 por A pressão da reação, bem como a concentração das fases sólidas, foram relacionadas com as taxas de decomposição do NaAlH4 e do Na3AlH6.

As características de dessorção de hidrogénio dos compósitos MgH2-LiAlH4 foram examinadas por Acreditaram que o LiAlH4 pode ser adicionado para aumentar a eficiência de dessorção do MgH2 e alterar a sequência de reacções para a desidrogenação do MgH2.

Os testes podem agora ser efectuados a temperaturas controladas por programas graças aos avanços na tecnologia de análise térmica, permitindo um exame detalhado das propriedades de decomposição da amostra a várias temperaturas. A abordagem não isotérmica foi muitas vezes utilizada para aprofundar a investigação sobre as características cinéticas da reação, tais como a energia de ativação, o fator pré-exponencial e a função de mecanismo Para um melhor conhecimento da pirólise de estruturas compósitas na área aeroespacial, utilizou-se a abordagem isoconversional e o método livre de modelos para analisar a decomposição térmica de compósitos de fibras de carbono de polisulfureto de fenileno. O estudo térmico da turfa florestal em várias condições atmosféricas foi realizado utilizando técnicas cinéticas teóricas e cinéticas optimizadas. Foi efectuado um estudo cinético utilizando a abordagem do algoritmo genético. Os dados de massa das medições termogravimétricas foram utilizados para prever o comportamento da decomposição térmica e a taxa de reação foi determinada utilizando a equação de Arrhenius. Não existem muitos trabalhos na área dos hidretos metálicos que analisem toda a cinética de decomposição térmica utilizando uma técnica não isotérmica. O modelo de reação foi desenvolvido através da sua investigação da desidrogenação não isotérmica de pós de TiH2. Descobriram que os processos de decomposição, que incluíam um processo em quatro etapas, eram altamente complicados.

As técnicas cinéticas optimizadas podem ser utilizadas para analisar tanto os processos de decomposição térmica simples como as reacções de decomposição térmica em várias etapas. As técnicas cinéticas optimizadas superam os métodos cinéticos teóricos em termos de precisão e rapidez. Como já foi indicado, a maior parte da investigação cinética sobre a decomposição térmica de hidretos metálicos apenas calculou a energia de ativação sem fazer um estudo termodinâmico completo. Raramente foram publicadas investigações não isotérmicas sobre a desidrogenação de hidretos metálicos. Não existem investigações relevantes sobre o mecanismo e o funcionamento da decomposição em duas fases do LiAlH4, em particular. A maioria das avaliações cinéticas isotérmicas utiliza o pressuposto implícito de que a decomposição em duas fases segue o mesmo processo. Por exemplo, reacções de primeira ordem, de acordo com Andreason et al. e Rafi et al. [43,44]. Como resultado, neste estudo, tanto a abordagem cinética teórica como o método cinético optimizado serão utilizados para realizar uma análise termodinâmica simultânea do LiAlH4 com base em dados termogravimétricos. Os principais parâmetros cinéticos foram produzidos através da construção de um modelo cinético deste evento de pirólise. Embora sejam raros os estudos sobre o efeito catalítico sinérgico do Fe e dos seus óxidos e o seu mecanismo catalítico, o trabalho também se concentrará no seu impacto nas propriedades de desidrogenação do LiAlH4. Atualmente, os aditivos dopantes são uma das formas mais eficazes de modificar os materiais de armazenamento de hidrogénio. Esta investigação pode contribuir para uma melhor compreensão do processo de rutura térmica subjacente aos hidretos metálicos.

Metodologia

Materiais e equipamentos

Sem purificação adicional, a Tokyo Chemical Industry (TCI) forneceu o LiAlH4 testado (>95% de pureza). O LiAlH4 foi moído durante 30 minutos a 300 rpm com um rácio de bola para pó de 30:1 (44, 45). A moagem com bolas é um método típico de modificação de hidretos metálicos e melhorará as características de (des)hidrogenação do LiAlH4. Através da moagem de bolas de uma combinação de 5 wt% de Fe (99%, ACROS) e Fe2O3 (SP, Macklin) em LiAlH4, foi possível avaliar os efeitos catalíticos do compósito Fe-Fe2O3. Todas as etapas preparatórias foram realizadas num armário com ambiente de árgon e com um teor de humidade e oxigénio inferior a 0,1 ppm.

No difratómetro de pó de raios X de ânodo rotativo D/max2550VB/PC, a difração de raios X (XRD) foi realizada utilizando radiação Cu K. O ângulo de difração tinha uma gama de varrimento de 10° a 100°. Utilizando a espetroscopia de infravermelhos de Fourier do Nicolet 6700, a estrutura do grupo foi identificada. Os pós sólidos foram comprimidos em mesas com brometo de potássio (KBr) para o teste FTIR.

O STA2500 da NETZSCH foi submetido a ensaios termogravimétricos, tendo-se verificado que o erro de medição era de 0,03 g. Para evitar a degradação das amostras, estas foram aquecidas desde a temperatura ambiente até 350 °C a várias velocidades de aquecimento (5, 10, 15 e 20 K/min). O fluxo de árgon foi de 100 ml/min. O desvio-padrão do ensaio termogravimétrico foi determinado como sendo inferior a 5%.

Avaliação cinética

A equação cinética básica para estas reacções de decomposição é dada por: (4) / = ( ) ( )onde é a taxa de conversão da reação que representa o progresso da decomposição no tempo, ( ) é a função de mecanismo, e ( ) é a constante de velocidade da reação relacionada com a temperatura absoluta. Em geral, a decomposição de um material sólido resultará na produção de gás e produtos sólidos. A equação de Arrhenius é seguida

pela seguinte constante de velocidade) em que é a constante dos gases,

8,3145 J/(molk), e e são o fator pré-exponencial e a energia de ativação,

respetivamente.

Resultados e análise

Identificação e características de libertação de hidrogénio

As amostras foram analisadas por XRD para determinar o impacto das

adições. As imagens de XRD do LiAlH4 com e sem catalisadores são

apresentadas na Fig. 1. A presença de quase todos os picos de XRD mostra

que o LiAlH4 constitui a maior parte do material. A fase física primária

das amostras continua a existir após a moagem de bolas e a dopagem com

catalisador, embora uma pequena proporção de LiAlH4 se decomponha

em Al. Adicionalmente, as amostras com adições mostraram picos de Fe

e seus óxidos.

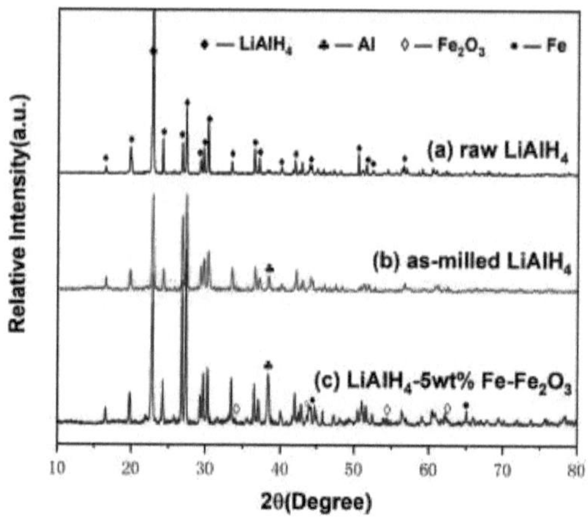

Espectros de difração de raios X para (a) LiAlH bruto₄ (b) LiAlH moído₄ e (c) LiAlH₄ -5wt% Fe-Fe O₂₃ . Investigações anteriores mostraram que a ligação Al-H do LiAlH4 apresenta vibrações infravermelhas activas em duas localizações: perto de 1750 cm-1 e 1650 cm-1 para os modos de estiramento Al-H e perto de 800 cm-1 e 900 cm-1 para os modos de flexão Al-H. Estes quatro modos de flexão e de alongamento podem ser facilmente observados em. É interessante notar que o pico de estiramento do Li3AlH6 é representado por um pico de absorção de IV na Fig. a cerca de 1400 cm1. Este pode ser o resultado da pureza da amostra no caso do LiAlH4 em bruto. Para as amostras tratadas, no entanto, o pico de estiramento é muito provavelmente devido à decomposição do LiAlH4, nomeadamente na Fig. , onde é claramente visível. Como resultado da inclusão de catalisadores, os picos observados abaixo de 550 cm1 também podem estar associados a bandas de estiramento Fe-O

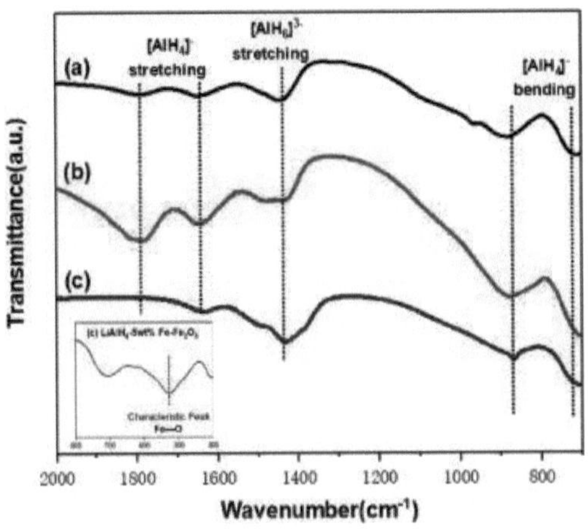

Fig. 2. Espectros FTIR para (a) LiAlH bruto₄ (b) LiAlH moído₄ e (c) LiAlH₄ -5wt% Fe-Fe O₂₃ .

Apresenta as curvas TG originais da decomposição térmica do LiAlH4 em bruto, do LiAlH4 moído e do LiAlH4-5wt% Fe-Fe2O3. Na Fig. 4, é possível observar um claro regime de decomposição em duas fases da amostra quando a temperatura aumenta de 300 K para 600 K. Este facto é comparável ao descrito. Como se mostra na Fig. 3(b), a curva TG apresenta um pequeno decréscimo acentuado a 415 K, que é provavelmente o resultado de erros do instrumento e da evaporação da humidade. As curvas de Gravidade Térmica Diferencial (DTG) apresentam dois picos separados, como ilustrado na Fig. 4, o que facilita o discernimento entre os regimes de decomposição em duas fases. Antes da fase inicial de desagregação, a curva DTG na Fig. 4(b) apresenta um pico extra causado pela evaporação da humidade. Este pico tem muito pouco impacto na decomposição em duas fases que se segue, uma vez que o pico da impureza surge a uma temperatura significativamente inferior à

da decomposição do LiAlH4 na primeira fase.

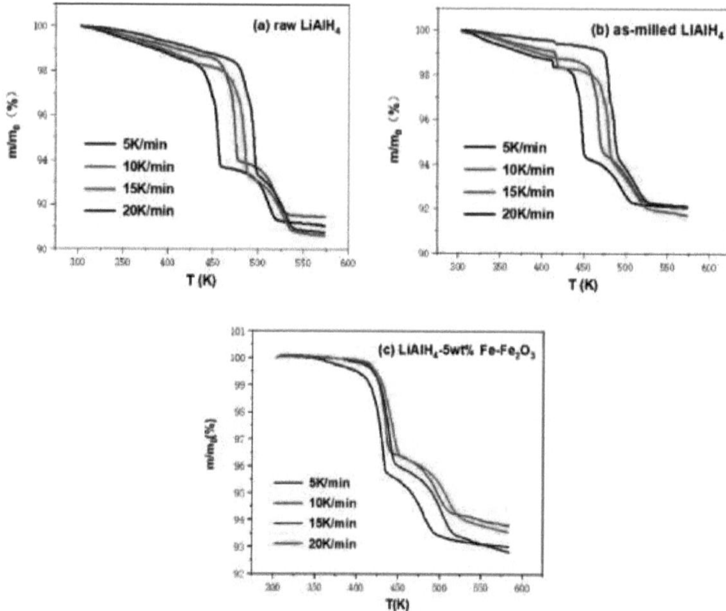

Fig. 3. Curvas TG de (a) LiAlH bruto₄ (b) LiAlH moído₄ e (c) LiAlH₄ -

5wt% Fe-Fe O₂₃ a diferentes taxas de aquecimento (5,10,15 e 20 K/min).

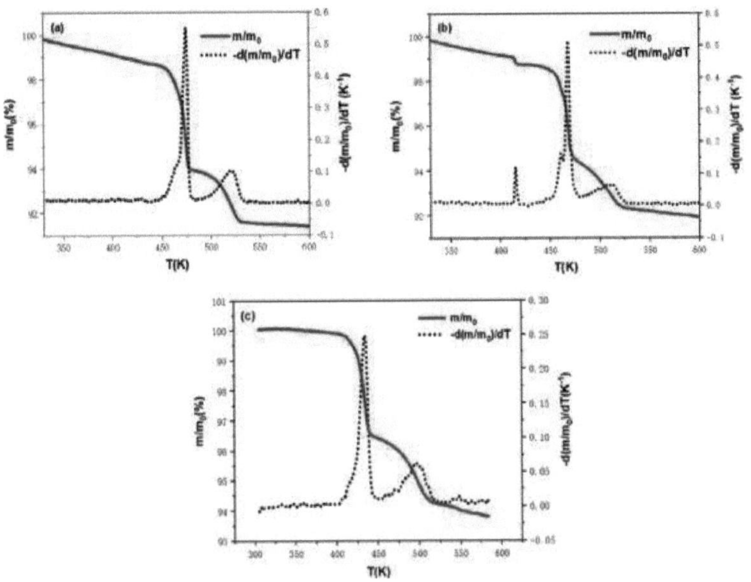

Fig. 4. Curvas TG e DTG de (a) LiAlH bruto₄ (b) LiAlH moído₄ e (c) LiAlH$_4$ -5wt% Fe-Fe O$_{23}$ a uma <u>taxa de aquecimento de</u> 10 K/min.

Análise cinética teórica

Energia de activaçãoAs curvas DTA do LiAlH4 a quatro taxas de aquecimento diferentes no ambiente de árgon são apresentadas na Fig. 5. Existem quatro picos distintos nas curvas da Fig. 5, incluindo dois picos endotérmicos e dois picos exotérmicos. A interação entre as amostras e as impurezas hidroxílicas superficiais pode ser a causa do primeiro pico exotérmico a cerca de 430 K, enquanto a fusão do LiAlH4 é indicada pelo primeiro pico endotérmico a cerca de 450 K. A decomposição inicial em duas fases, representada pelas equações (1) e (2), é responsável pela produção do segundo pico exotérmico e do pico endotérmico. A temperatura de pico das quatro fases aumenta juntamente com a taxa de aquecimento. Os segundos picos exotérmicos e endotérmicos estão localizados a cerca de 457 K e 515 K, respetivamente, com uma taxa de aquecimento de 5 K/min. No entanto, a uma taxa de aquecimento de 20 K/min, estes dois picos aparecem a cerca de 498 K e 537 K, respetivamente. A culpa poderá ser do efeito de histerese da temperatura. Uma taxa de aquecimento mais rápida faz com que o gradiente de temperatura da amostra aumente, o que eleva a temperatura à qual ocorre a rutura térmica. A transmissão de calor entre a amostra e o instrumento TG demora algum tempo. O pico exotérmico inicial das amostras tratadas nas Figs. 5(b) e (c) é mais aparente do que na Fig. 5(a), sugerindo que pode ter havido mais impurezas hidroxílicas a contaminar o processo de moagem de bolas. Por outro lado, pode ver-se claramente na Fig. 5(c) que a adição de catalisadores faz com que o processo de decomposição da primeira fase se aproxime progressivamente da fusão do LiAlH4. Como resultado, em comparação com os processos sem catalisadores, a decomposição na primeira fase do LiAlH4-5wt% Fe-Fe2O3 produz menos calor.

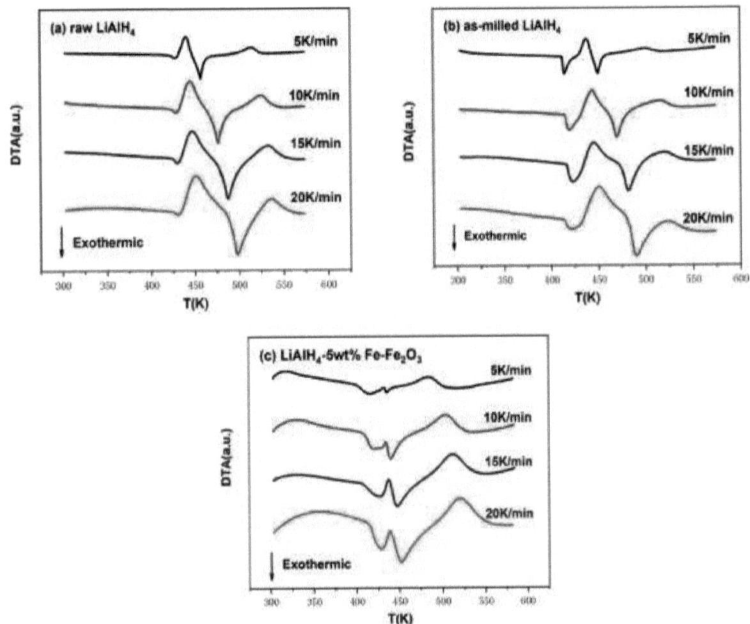

Fig. 5. Curvas DTA de (a) LiAlH bruto$_4$ (b) LiAlH moído$_4$ e (c) LiAlH$_4$ - 5wt% Fe-Fe O$_{23}$ a diferentes taxas de aquecimento (5,10,15 e 20 K/min). A energia de ativação dos primeiros processos de decomposição em duas fases é determinada utilizando a técnica de Kissinger da seguinte forma.

Tabela 1. Energias de ativação da decomposição em duas fases do LiAlH4.

Materiais	Energia de ativação (kJ/mol)	
	primeira decomposição	segunda decomposição
LiAlH em bruto$_4$	57.8	127.9
LiAlH moído$_4$	54.9	119.1
LiAlH -5wt%Fe-Fe O$_{42}$ /		73.6

Função do mecanismo

Wang descobriu que as funções de mecanismo para a hidrogenação e desidrogenação do NaAlH4 eram compatíveis com a reação de estado sólido, que é frequentemente controlada por difusão, reação de fronteira de fase, crescimento de nucleação, reação química ou outros mecanismos. A desidrogenação do LiAlH4 é assim considerada uma reação em estado sólido para efeitos do estudo teórico deste trabalho. A Tabela 2 contém um resumo dos mecanismos de estado sólido mais populares para a quebra de calor.

O quadro 2 enumera várias funcionalidades do mecanismo de estado sólido de rutura térmica.

Modelo	Notação	Forma integra	Forma diferencial
Reação de primeira ordem	F1	$-\ln(1-\alpha)$	$1-\alpha$
Reação de segunda ordem	F2	$(1-\alpha)^{-1}-1$	$(1-\alpha)^2$
Difusão	D1	$1/(2\alpha)$	α^2
	D2	$-1/\ln(1-\alpha)$	$\alpha+(1-\alpha)\ln(1-\alpha)$
Reação de fronteira de fa	Rn	$1-(1-\alpha)^{1/n}$	$n(1-\alpha)^{1-1/n}$
Nucleação e crescimento	Um	$[-\ln(1-\alpha)]^{1/n}$	$n(1-\alpha)[-\ln(1-\alpha]^{1-1/n}$
Lei de potência	Pn	$\alpha^{1/n}$	$n(\alpha)^{1-1/n}$
Mample			

Nota: n é a ordem de reação e α é a taxa de conversão da reação.

Conforme elucidado acima na equação, o método de Coats e Redfern (CR) é capaz de avaliar a aplicabilidade de várias funções de mecanismo. resume os coeficientes de determinação com base no método CR para LiAlH bruto$_4$ a quatro taxas de aquecimento. Para analisar profundamente o mecanismo de decomposição do $LiAlH_4$ e fornecer as informações necessárias para o método cinético optimizado, a decomposição em duas etapas será discutida separadamente. Para a primeira etapa de decomposição do $LiAlH_4$, três modelos correspondem bem, ou seja, difusão, reação de fronteira de fase e lei de potência da amostra, com coeficientes de determinação superiores a 0,99 em todas as taxas de aquecimento. Para a segunda fase de decomposição, o modelo de primeira ordem de reação (F1) e o modelo de nucleação e crescimento (A_n) ajustam-se melhor.

Tabela 3. Coeficiente de determinação do LiAlH bruto$_4$ pelo método CR.

Código do modelo	Coeficiente de determinação do LiAlH bruto$_4$							
	Primeira decomposição				Segunda decomposição			
	5 K/m	10 K/m	15 K/m	20 K/m	5 K/m	10 K/m	15 K/m	20 K/m
F1	0.9713	0.9622	0.9677	0.9815	0.9937	0.9994	0.9978	0.9964
F2	0.9101	0.8950	0.9050	0.9308	0.9543	0.9749	0.9841	0.9864
D1	0.9977	0.9963	0.9971	0.9944	0.9940	0.9821	0.9681	0.9628
D2	0.9945	0.9907	0.9929	0.9954	0.9984	0.9919	0.9817	0.9774
R1	0.9976	0.9962	0.9971	0.9942	0.9937	0.9812	0.9665	0.9610
R2	0.9901	0.9847	0.9878	0.9937	0.9994	0.9961	0.9880	0.9844
A2	0.9698	0.96045	0.9662	0.9806	0.9933	0.9994	0.9976	0.9961
A3	0.9682	0.9586	0.9646	0.9796	0.9928	0.9994	0.9974	0.9958
A4	0.9665	0.9567	0.9628	0.9785	0.9923	0.9992	0.9972	0.9955
P1	0.9976	0.9962	0.9971	0.9942	0.9937	0.9812	0.9665	0.9610

Código do modelo	Coeficiente de determinação do LiAlH bruto4							
	Primeira decomposição				Segunda decomposição			
	5 K/mi	10 K/m	15 K/m	20 K/m	5 K/mi	10 K/m	15 K/m	20 K/m
P2	0.9974	0.9959	0.9969	0.9938	0.9930	0.9793	0.9628	0.9572
P3	0.9972	0.9957	0.9966	0.9933	0.9922	0.9771	0.9586	0.9528

Devido à elevada linearidade de várias funções mecanísticas, tornou-se difícil determinar qual a melhor função de mecanismo utilizando apenas as tabelas acima. Consequentemente, são utilizados gráficos principais - uma técnica gráfica - para definir o modelo. A equação (12) é usada para derivar o valor experimental ( )/ (0,5), e a Fig. 6 representa o valor teórico ( )/ (0,5) produzido por diferentes funções de mecanismo. Pode concluir-se que o modelo da lei de potência maciça se ajusta melhor à experiência para a primeira fase da decomposição do LiAlH4, mas o modelo de nucleação e crescimento ajusta-se melhor aos dados para o segundo passo. No entanto, quando a energia de ativação é relativamente baixa, () na equação (12) é uma aproximação e a sua correção não pode ser garantida [61]. Além disso, a constante na função do mecanismo () não precisa de ser um número inteiro. Consequentemente, a abordagem cinética optimizada é também utilizada na secção seguinte para gerar parâmetros cinéticos mais precisos com base nos resultados dos gráficos principais do LiAlH4.

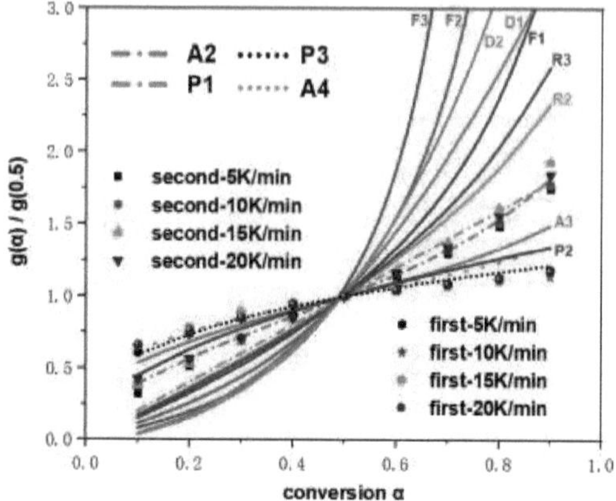

Fig. 6. Gráficos principais de LiAlH bruto$_4$ a diferentes taxas de aquecimento.

Análise cinética optimizada Acima, foi fornecida uma descrição detalhada da abordagem optimizada. Utilizando a eq. (13) e a programação MATLAB, é efectuado um ajuste da curva com base na função do mecanismo versus a experiência. A lei de potência de Mample (Pn) e a nucleação e crescimento (An) são os modelos mais adequados para a decomposição do LiAlH4 na primeira e segunda fases, respetivamente, tal como foi descrito na secção Função do mecanismo. Como resultado, o processo de ajuste utiliza as funções de mecanismo relevantes apresentadas na Tabela 1. Como se mostra na Fig. 7, o método cinético optimizado foi utilizado para determinar os parâmetros cinéticos (fator pré-exponencial, A, energia de ativação, Ea, e ordem de reação, n para decomposições em duas fases) a uma taxa de aquecimento de 10 K/min até se obter o melhor acordo (ver Quadro 4, Quadro 5).

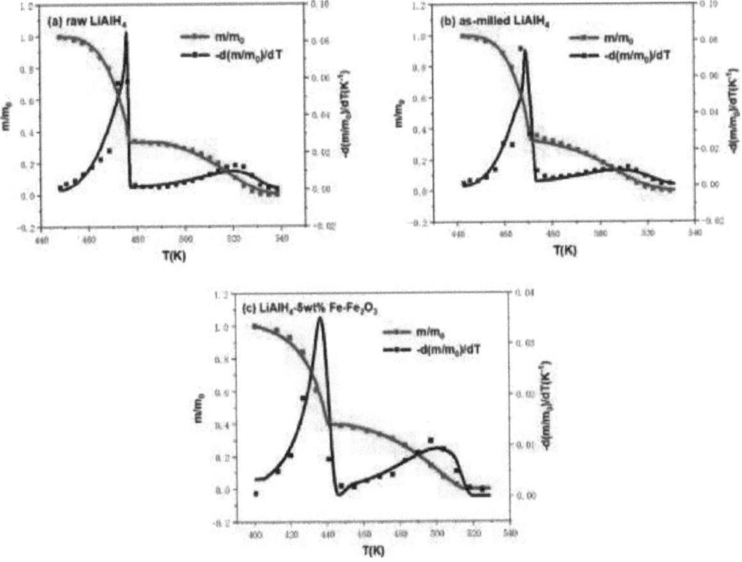

Fig. 7. Curvas TG e DTG de (a) LiAlH bruto₄ (b) LiAlH moído₄ e (c) LiAlH₄ -5wt% Fe-Fe O₂₃ à taxa de aquecimento de 10 K/min. Símbolos: dados experimentais; linhas: dados do modelo.

Tabela 4. Parâmetros cinéticos do LiAlH bruto₄ a diferentes taxas de aquecimento.

Taxa aquecimento (K/min)	Primeira decomposição		Segunda decomposição	
	logA	Ea (kJ/molN	logA	Ea (kJ/molN
5	4.6560	61.7077	1.5910 11.0505	13 1.9980 1.6141

Taxa aquecimento (K/min)	Primeira decomposição			Segunda decomposição		
	logA	Ea (kJ/mol)	N	logA	Ea (kJ/mol)	N
10	4.5243	59.6239	2.1421	10.4457	125.1160	1.5198
15	4.7514	61.6184	1.7308	10.7548	128.4896	1.7230
20	4.4340	58.6259	1.8906	11.1481	132.2645	1.8684

Tabela 5. Parâmetros cinéticos do LiAlH$_4$ como moído a diferentes taxas de aquecimento.

Taxa aquecimento (K/min)	Primeira decomposição			Segunda decomposição		
	logA	Ea (kJ/mol)	N	logA	Ea (kJ/mol)	N
5	4.0271	54.2958	1.9858	10.1572	120.7581	1.8716
10	4.1147	55.1993	2.1431	10.7320	125.4283	1.5868
15	3.9714	54.3807	2.2704	11.0090	126.9478	1.4662
20	4.3376	54.2488	1.8137	10.4107	119.0070	1.2291

Análise cinética optimizada de LiAlH$_4$ sem catalisadores

Para mais Mais comparações entre dados experimentais e dados do modelo a taxas de aquecimento de 5, 10, 15 e 20 K/min de LiAlH4 sem catalisadores são apresentadas na Fig. 8 para apoiar a técnica cinética optimizada. As curvas TG têm o mesmo padrão à medida que a taxa de aquecimento aumenta, sugerindo que seguem o mesmo processo. No

entanto, devido ao efeito de histerese de temperatura acima mencionado,

as temperaturas de início da decomposição em duas fases sobem com o

aumento da taxa de aquecimento.

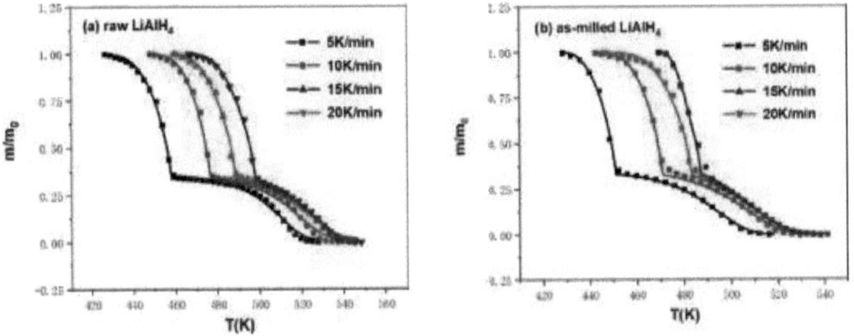

Fig. 8. Curvas TG de (a) LiAlH4 em bruto e (b) LiAlH4 como moído

foram aquecidos a várias velocidades utilizando uma técnica cinética

optimizada. Linhas: dados do modelo; símbolos: dados experimentais.

Quando mostrado na Fig. 8(b), há algumas diferenças nas formas das

curvas quando a taxa de aquecimento é aumentada em comparação com o

LiAlH4 bruto. Para além disso, os resultados são menos consistentes do

que os dados em bruto, o que pode dever-se ao facto de o procedimento

de moagem com bolas ter aumentado o número de falhas e distribuído de

forma desigual pelas amostras. Mais significativamente, as curvas TG que

mostram duas fases de decomposições em duas etapas não são tão distintas

como as que mostram LiAlH4 em bruto. É possível que a reação da

segunda fase se inicie antes de estar concluída a decomposição da primeira

fase. Além disso, os processos de decomposição em duas fases ocorrem mais próximos uns dos outros à medida que as taxas de aquecimento aumentam. As curvas TG para LiAlH4 moído têm uma tendência substancialmente mais plana do que as curvas brutas. O aumento da área de superfície das partículas causado pelo procedimento de moagem com bolas facilita a fuga de gases ao longo da experiência, o que resulta em variações nas curvas. Na Fig. 8(b), o fenómeno também ocorre para as instâncias em bruto quando as curvas TG da segunda fase de decomposição convergem enquanto a taxa de aumento da temperatura é superior a 10 K/min. O efeito de histerese da temperatura atenua-se na segunda fase à medida que a taxa de aquecimento aumenta, e os parâmetros cinéticos também se alteram um pouco, o que faz com que as formas das curvas se modifiquem.

A Tabela 4 é uma lista dos parâmetros cinéticos para a decomposição do LiAlH4 bruto, determinados utilizando as curvas de ajuste. A energia de ativação calculada é quase a mesma que a obtida a partir dos dados experimentais referidos na secção anterior, utilizando a análise de Kissinger. Adicionalmente, a Tabela 5 lista as características cinéticas do LiAlH4 moído a várias taxas de aquecimento. O LiAlH4 moído tem energias de ativação inferiores às do LiAlH4 em bruto, o que está de acordo com o estudo teórico realizado utilizando a abordagem de Kissinger. Como é do conhecimento geral, os componentes pré-exponenciais desenvolvem-se gradualmente à medida que as energias de ativação aumentam devido ao efeito de compensação cinética, e os resultados do ajuste são os previstos. Além disso, a primeira ordem de reação de decomposição pode ser aumentada durante o processo de moagem de bolas, enquanto a segunda ordem de reação de decomposição pode ser diminuída. O aumento da dimensionalidade dos núcleos alterados e a natureza do processo de nucleação determinam a ordem de reação. A ocorrência de falhas nas amostras durante o processo de moagem de bolas pode estar relacionada com a alteração da ordem de reação. Estudo cinético do LiAlH4 utilizando catalisadores que foram optimizados.

Nesta secção, é examinado o impacto do teor de catalisador na cinética da decomposição térmica do LiAlH4. As curvas de ajuste das amostras com catalisadores correspondem extremamente bem aos dados experimentais na Fig. 9 quando comparadas com o LiAlH4 moído, o que pode indicar que a distribuição das partículas é mais uniforme. Além disso, a Tabela 6 apresenta as características cinéticas do LiAlH4 com catalisadores. Além disso, comprovando a validade da abordagem cinética optimizada, as energias de ativação da segunda fase de decomposição estão de acordo com as calculadas utilizando o método de Kissinger.

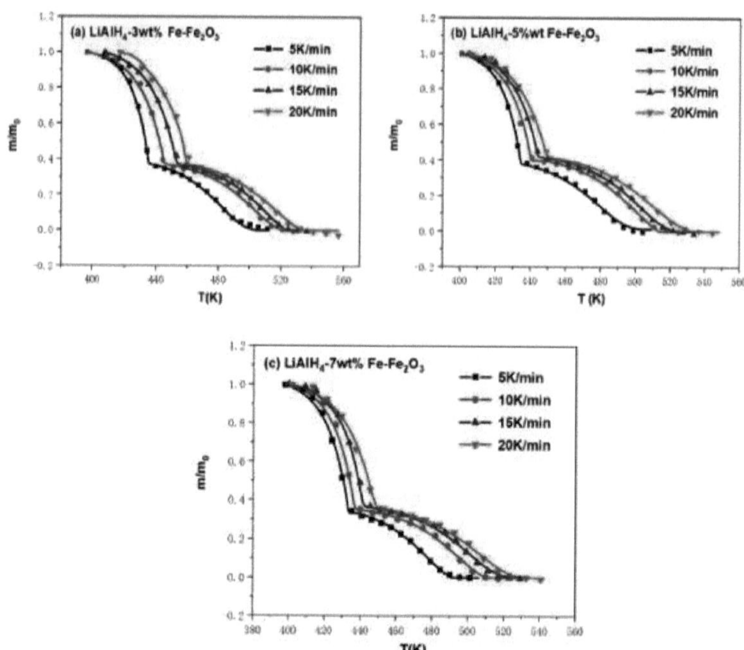

Fig. 9. Curvas TG de (a) LiAlH$_4$ -3wt% Fe-Fe O$_{23}$ (b) LiAlH$_4$ -5wt% Fe-Fe O$_{23}$ e (c) LiAlH$_4$ -7wt% Fe-Fe O$_{23}$ utilizando o método cinético optimizado a diferentes taxas de aquecimento. Símbolos: dados experimentais; linhas: dados do modelo.

Tabela 6. Parâmetros cinéticos do LiAlH$_4$ com catalisadores.

Catalisadores	Primeira decomposição			Segunda decomposição		
	logA	Ea (kJ/mol)	N	logA	Ea (kJ/mol)	N
3 wt% Fe-Fe O_{23}	4.2839	56.8674	2.8486	4.8618	71.2805	2.8258
5 wt% Fe-Fe O_{23}	3.9733	54.5186	3.4617	4.9729	71.1640	2.7109
7 wt% Fe-Fe O_{23}	4.1462	54.2313	2.8686	5.1169	73.2165	2.8931

O mecanismo catalítico

Tal como referido anteriormente, a moagem de bolas pode melhorar parcialmente a eficiência da produção de hidrogénio a partir de $LiAlH_4$. Como se mostra em , a moagem com bolas pode reduzir o tamanho das partículas, aumentando a superfície ativa dos materiais. Por outro lado, a moagem com bolas produz mais defeitos no interior das amostras, o que promove a difusão do átomo de H. No entanto, a operação de moagem com bolas não é suficiente para a aplicação comercial do $LiAlH_4$. A adição de catalisadores poderia aumentar ainda mais a produção de hidrogénio a partir de hidretos metálicos.

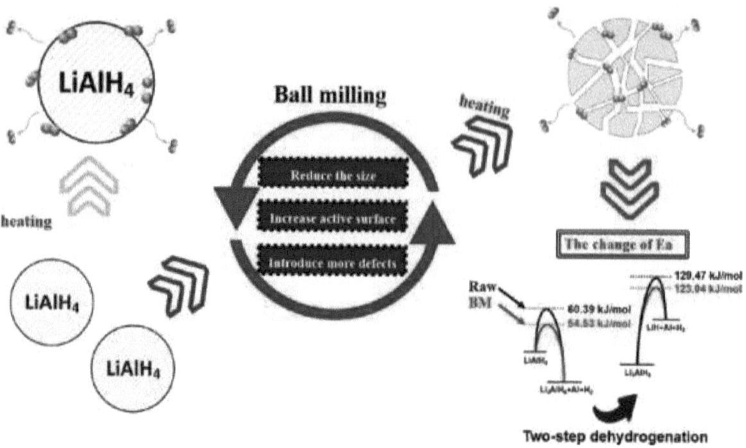

Fig. 10. Representação esquemática do LiAlH₄ durante o processo de moagem de bolas.

Na Fig. 11, os padrões de XRD da desidrogenação do LiAlH4 com catalisadores a várias temperaturas foram examinados para compreender melhor o mecanismo catalítico das adições de Fe-Fe2O3. A 180 °C, o LiAlH4 desidrogeniza-se totalmente em Li3AlH6 e Al, como se mostra na Fig. 11(a). Após a primeira fase de decomposição do LiAlH4, foram também encontrados compostos intermetálicos entre o ferro e o alumínio, bem como fases de Al2O3 criadas durante o processo de aquecimento. A 300 °C, o processo de decomposição em duas fases do LiAlH4 chegou ao fim. A Fig. 12 ilustra o mecanismo catalítico dos compósitos LiAlH4-5wt% Fe-Fe2O3 durante o processo de desidrogenação. Em primeiro lugar, o Fe2O3 pode aumentar o número de sítios activos e canais de difusão na superfície da matriz LiAlH4, melhorando a cinética da primeira

decomposição. Em segundo lugar, uma vez que o Al é continuamente

produzido como resultado da decomposição em duas etapas do LiAlH4,

os óxidos de Fe transformam-se em Fe metálico e criam a fase Al2O3. O

Al2O3 tem normalmente uma estrutura porosa e é sempre utilizado como

suporte para catalisadores. O Fe pode potencialmente aderir ao suporte

Al2O3, aumentando o número de locais de ativação da superfície. Por

outro lado, os iões Fe têm uma forte interação com iões Al próximos e

podem dissolver-se na rede Li3AlH6, levando à formação de compostos

intermetálicos entre o ferro e o alumínio. Durante este período, o Fe pode

potencialmente atacar a ligação Al-H, reduzindo a sua força e diminuindo

a estabilidade dos grupos. Estes factores resultam numa melhoria

significativa das características de desidrogenação da segunda fase de

decomposição e numa diminuição significativa da energia de ativação.

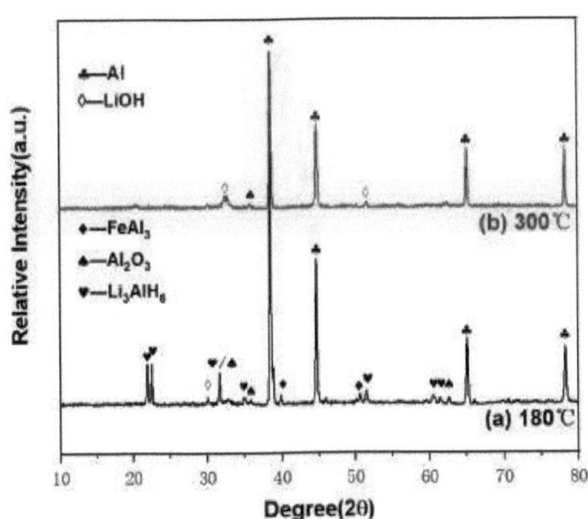

Fig. 11. Espectros de difração de raios X para LiAlH$_4$ com catalisadores após desidrogenação a diferentes temperaturas.

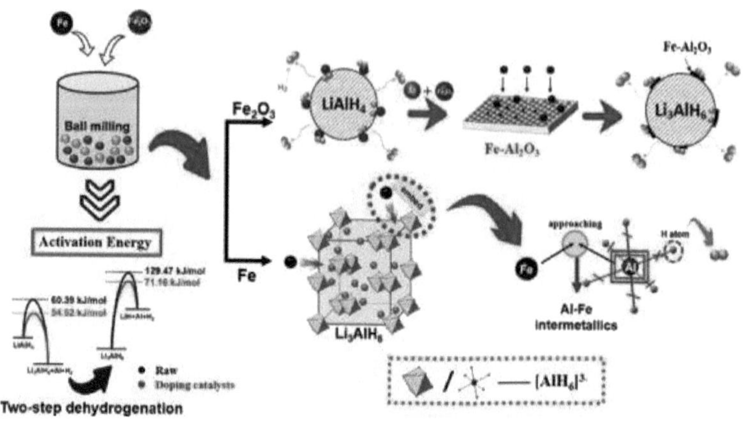

Fig. 12. Representação esquemática do mecanismo catalítico do compósito LiAlH$_4$ -Fe&Fe O$_{23}$ durante o processo de desidrogenação.

Os hidretos complexos, nomeadamente o LiAlH4, são a família mais promissora de materiais de armazenamento de hidrogénio devido à sua elevada capacidade e reversibilidade. No entanto, o LiAlH4 ainda tem de ultrapassar a sua elevada estabilidade e o seu baixo desempenho cinético para poder avançar. A forma mais eficaz de aumentar o desempenho de armazenamento de hidrogénio dos hidretos complicados neste momento é adicionar catalisadores. Investigações anteriores mostraram que os catalisadores Fe e Fe2O3 têm impactos positivos na alteração das características de desidrogenação do LiAlH4, mas há pouca informação sobre os seus efeitos catalíticos sinérgicos. Como resultado, as características de decomposição térmica do LiAlH4 com e sem catalisadores são examinadas neste estudo do ponto de vista da sua cinética de desidrogenação.

Devido ao efeito de histerese de temperatura, tanto a temperatura inicial como a temperatura de pico da decomposição térmica aumentam com o aumento da taxa de aquecimento. Os parâmetros cinéticos da decomposição do hidreto metálico utilizando dados termodinâmicos são efetivamente determinados utilizando métodos teóricos e optimizados não isotérmicos baseados em dados termogravimétricos.

Em primeiro lugar, de acordo com a análise de Kissinger, o LiAlH4 bruto tem energias de ativação para as decomposições da primeira e segunda etapas que são, respetivamente, 57,8 kJ/mol e 127,9 kJ/mol, enquanto o LiAlH4 moído tem energias de ativação que são, respetivamente, 54,9 kJ/mol e 119,1 kJ/mol. A técnica de Kissinger não é adequada para a decomposição na primeira fase do LiAlH4 com compósitos Fe-Fe2O3, e a energia de ativação da decomposição na segunda fase é de 73,6 kJ/mol.

Os gráficos principais mostram que a nucleação e o crescimento (An) e o modelo da lei de potência do exemplo (Pn) são as melhores funções para as decomposições da primeira e da segunda etapa do LiAlH4, respetivamente.

A técnica cinética optimizada, em conjunto com as funções de mecanismo escolhidas, mostradas acima, é utilizada para obter todos os parâmetros cinéticos para a equação de Arrhenius, em vez de apenas a energia de ativação (Ea). O LiAlH4 bruto é decomposto numa etapa, com um fator pré-exponencial médio, energia de ativação e ordem de reação de 4,5914, 60,3940 kJ/mol e 1,8386, respetivamente. Os parâmetros cinéticos para a decomposição na segunda fase são 10,8498, 129,4670 kJ/mol e 1,6813, respetivamente. Comparativamente, para as amostras que foram submetidas a moagem de bolas, os parâmetros cinéticos para a decomposição na primeira fase são 4,1127, 54,5312 kJ/mol e 2,0533, e para a decomposição na segunda fase são 10,5775, 123,0353 kJ/mol e 1,5384, respetivamente. Evidentemente, devido às falhas nas amostras produzidas por moagem de bolas e ao aumento da área de superfície, a moagem de bolas pode acelerar a desidrogenação do LiAlH4.

A mesma técnica é utilizada para obter os parâmetros cinéticos para as amostras que contêm catalisadores. Quando comparada com o LiAlH4 em bruto, a energia de ativação da segunda fase de decomposição diminui drasticamente - quase 50 kJ/mol. À medida que a temperatura de aquecimento aumenta, o LiAlH4 sofre um processo contínuo de decomposição para produzir Al e uma nova fase de Al2O3. O Al2O3 pode muitas vezes servir como um transportador de catalisador, e o Fe pode ligar-se ao Al2O3. Os compósitos podem favorecer a difusão de átomos de H. Além disso, a incorporação de átomos de Fe diminui a estabilidade da ligação Al-H, melhorando as capacidades de desidrogenação do LiAlH4.

Este estudo estabelece que os parâmetros cinéticos essenciais podem ser adquiridos utilizando a abordagem optimizada e o gráfico mestre, fornecendo uma imagem mais clara do comportamento térmico de hidretos metálicos como o LiAlH4. Os resultados deste estudo podem ser úteis para melhorar o desempenho da desidrogenação e facilitar a aplicação industrial.

$$LiAlH_4 \underset{Ti/THF}{\overset{Ti}{\rightleftharpoons}} 1/3 Li_3AlH_6 + 2/3 Al + H_2$$

$$1/3 Li_3AlH_6 \overset{Ti}{\longrightarrow} LiH + 1/3 Al + 1/2 H_2$$

$$LiH + Al + 3/2 H_2 \overset{Ti/THF}{\longrightarrow} LiAlH_4$$

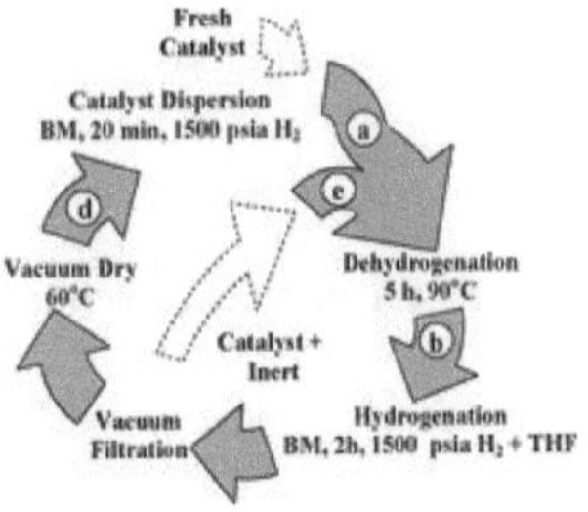

Um LiAlH4 de cinco etapas é produzido através da desidrogenação cíclica e rehidrogenação de Li3AlH6, LiH e Al através de um processo físico-químico. Na gama de 80-100 °C, o LiAlH4 gerado por este método físico-químico apresenta uma cinética de desidrogenação excecional, produzindo cerca de 4% de hidrogénio em peso. O tetrahidrofurano (THF) foi utilizado para completar a rehidrogenação da via físico-química do LiAlH4 degradado na sua totalidade. Esta rehidrogenação a partir dos produtos de desidrogenação Li3AlH6, LiH e Al foi facilitada pela alteração de entalpia associada à criação de um aduto LiAlH44THF em THF. Utilizando o Ti como catalisador e aplicando um tratamento mecanoquímico, a cinética da rehidrogenação foi também muito melhorada, com os produtos de degradação a converterem-se facilmente em LiAlH4 à temperatura ambiente e a intervalos de pressão de 4,5 a 97,5 bar.

A implementação de uma economia do hidrogénio é muito difícil, e um dos maiores obstáculos, que pode mudar o jogo, é o armazenamento do hidrogénio. 1 Embora tenham sido apresentadas várias técnicas de armazenamento de hidrogénio, os objectivos do Departamento de Energia de 6,5 wt% H2 (base do sistema) e 62 kg H2/m3 não foram atingidos. Devido à sua grande capacidade de armazenamento de hidrogénio, os hidretos de complexos metálicos têm-se mostrado promissores em investigações recentes como solução de armazenamento. 7-11 LiAlH4, que, de acordo com as reacções seguintes, pode libertar até 7,9 % em peso de hidrogénio:

tem uma cinética de desidrogenação realmente excelente quando as temperaturas são adequadas. 10-12 A capacidade do LiAlH4 para armazenar hidrogénio de forma reversível ainda não foi definitivamente demonstrada. Apesar de se afirmar que a segunda reação da equação 2 é parcialmente reversível,11 descobertas recentes indicam que nenhuma das reacções das equações 1 ou 2 é reversível nas mesmas circunstâncias.12

Por conseguinte, o principal objetivo deste artigo é relatar a ideia de promover a rehidrogenação de LiAlH4 a partir de Li3AlH6, LiH e Al através de uma via físico-química em cinco etapas, utilizando um agente complexante líquido, como o tetrahidrofurano (THF), em conjunto com um catalisador de Ti e uma atmosfera de hidrogénio durante a moagem de bolas a alta pressão. De acordo com, é demonstrado que o THF cria um aduto LiAlH44THF durante a fase de rehidrogenação.

É ainda demonstrado que a rehidrogenação ocorre à temperatura ambiente e a baixas pressões de 4,5-97,5 bar devido à deslocação da energia livre associada à criação do composto LiAlH4-4THF em THF. Finalmente, mostra-se que a utilização de Ti como catalisador e o tratamento mecanoquímico aumentam significativamente a cinética da rehidrogenação.

Embora se tenha afirmado que o LiAlH4 pode ser diretamente sintetizado a partir de LiH e Al em tetrahidrofurano (THF), como demonstrado na eq.

3, 13,14 ou foram fornecidas poucas informações ou as condições de reação e a conversão foram bastante diferentes das aqui descritas. Por exemplo, Clasen13 demonstrou que a reação na equação 3 ocorre a 35 °C e a 30 bar numa solução de THF ou diglimo, enquanto que não há reação em dietil etilo (Et2O). No entanto, foram fornecidas muito poucas informações sobre o processo. Embora esta reação demonstre uma conversão mínima em Et2O, Ashby et al.14 descobriram que ocorre a 120 °C e 345 bar em THF ou solução de diglimo com uma conversão muito elevada (>95%). No entanto, para que a reação na eq 3 ocorra, estas circunstâncias têm de ser bastante diferentes das aqui descritas. Além disso, nenhuma das investigações considerou a ideia de utilizar o LiAlH4 como substância de armazenamento de hidrogénio.

Via para a físico-química. A figura 1 descreve esquematicamente o mecanismo físico-químico em cinco etapas. A dispersão do catalisador, a desidrogenação, a rehidrogenação, a filtração em vácuo, a secagem em vácuo e, finalmente, a redispersão do catalisador são as etapas do ciclo. A primeira etapa do segundo ciclo começa com esta última etapa, e assim sucessivamente. É de notar que pode ser utilizado o catalisador recuperado do processo de filtração como um resíduo insolúvel ou um novo catalisador. O THF é também facilmente recuperável e reutilizável. O LiAlH4, um potencial material de armazenamento de hidrogénio, sofre desidrogenação e rehidrogenação cíclicas neste ciclo, o que, com conversões extremamente elevadas, forma um ciclo fechado que necessita

apenas de energia.

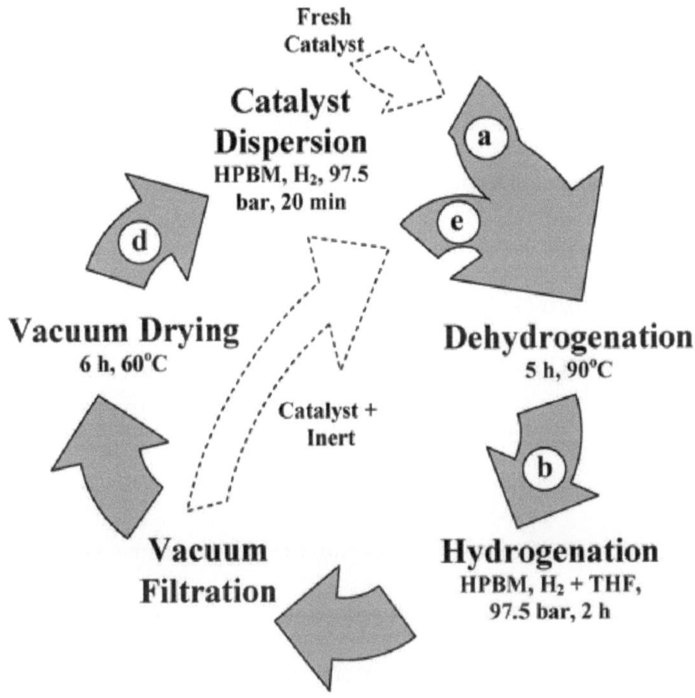

Figura 13 Representação esquemática da via físico-química em cinco

etapas para a desidrogenação e rehidrogenação cíclica do LiAlH₄ . As

etapas do ciclo consistem na dispersão do catalisador, na desidrogenação,

na reidrogenação, na filtração em vácuo e na secagem em vácuo. As

condições listadas não são exclusivas e correspondem aos resultados

típicos apresentados na Figura 2 que foram obtidos para um ciclo

completo. As letras nas setas correspondem às curvas da Figura 2. A

Figura 2 apresenta um ciclo típico de desidrogenação/rehidrogenação para ilustrar e clarificar estas fases cruciais. Estas conclusões foram obtidas através de um exame termogravimétrico de uma amostra de LiAlH4 dopada com Ti a 0,5 mol%. Para ajudar o catalisador de Ti a dispersar-se, a amostra de LiAlH4 dopada com Ti a 0,5 mol% foi primeiro submetida a moagem de bolas a alta pressão (HPBM) em hidrogénio a 97,5 bar durante 20 minutos. Depois de uma parte ter sido desidrogenada a 1 bar, foi produzida uma curva típica de dessorção programada por temperatura (TPD) (curva a), mostrando cerca de 7,5 por cento em peso de hidrogénio abaixo de 200 °C e 4,0 por cento em peso abaixo de 130 °C. A inserção demonstra que o sistema LiAlH4 dopado com Ti é estável durante o tratamento mecanoquímico e pode produzir mais de 4% em peso de hidrogénio a 80 °C quando a concentração de Ti é aumentada para 4 mol%. A amostra de LiAlH4 dopada com Ti a 0,5 mol% tinha muito pouco hidrogénio (aproximadamente 1 wt%) após 5 horas de desidrogenação a 90 °C para simular a utilização do material (curva b). Este resultado mostrou que o LiAlH4 da amostra tinha sido totalmente dissolvido de acordo com a equação 1, bem como cerca de 60 mol% do Li3AlH6 na equação 2. A amostra foi então exposta a HPBM em hidrogénio durante duas horas a uma pressão de 97,5 bar, num esforço para promover a rehidrogenação. Embora a amostra parecesse ser bastante estável com HPBM e a temperatura inicial de desidrogenação tivesse diminuído de cerca de 100 para cerca de 65 °C, indicando que a taxa de desidrogenação da segunda reação poderia ser efetivamente melhorada por HPBM sem decomposição, estes resultados sugeriram fortemente que a amostra não poderia ser reidratada nestas circunstâncias utilizando as reacções inversas nas eqs 1 e 2. Este resultado significativo e esclarecedor foi consistente com outras descobertas que tinham sido publicadas.12

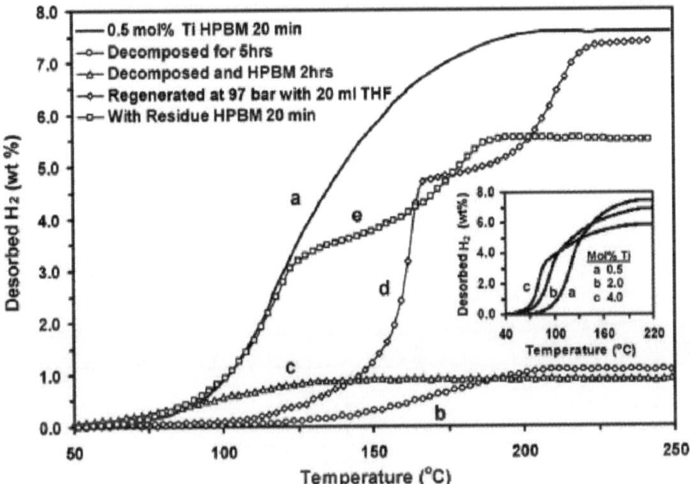

Figura 14 Curvas de dessorção programada por temperatura (TPD) (5 °C/min) de LiAlH dopado com Ti a 0,5 mol %4 obtidas durante um ciclo de desidrogenação/rehidrogenação: (a) após moagem de esferas a alta pressão (HPBM) em H_2 a 97,5 bar durante 20 min para dispersar o catalisador de Ti; (b) após desidrogenação a 90 °C durante 5 h para imitar a utilização do material numa aplicação; (c) após HPBM em H_2 a 97.5 bar durante 2 h após a desidrogenação, numa tentativa infrutífera de

rehidrogenar a amostra em condições secas; (d) após HPBM em H_2 a 97,5 bar e 20 mL de THF durante 2 h para rehidrogenar a amostra em condições húmidas, seguido de filtração e secagem, sendo todos estes passos fundamentais na via físico-química; e (e) após HPBM em H_2 a 97.5 bar, depois de o resíduo, obtido a partir do passo de filtração e que contém o catalisador de Ti e os reagentes não convertidos, ter sido adicionado de novo à amostra para completar o ciclo de cinco passos.

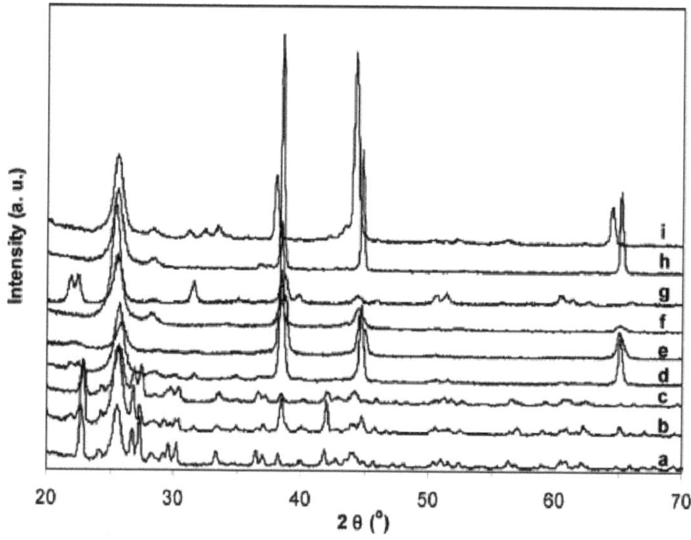

Figura 14: Padrões de XRD do LiAlH$_4$ dopado com Ti a 0,5 mol % durante um ciclo de desidrogenação/rehidrogenação correspondente aos resultados da Figura 13 e dos materiais de referência, mostrando as alterações estruturais que ocorreram durante as várias etapas do ciclo e provando conclusivamente que o LiAlH$_4$ foi rehidrogenado de acordo com

a via físico-química em cinco etapas: (a) LiAlH$_4$ purificado a partir de Et$_2$O; (b) LiAlH$_4$ rehidrogenado; (c) 0.5 mol % LiAlH dopado com Ti$_4$ triturado com bolas durante 20 min em 97,5 bar de H$_2$; (d) amostra (c) decomposta a 90 °C durante 5 h; (e) amostra (d) triturada com bolas durante 2 h em 97.5 bar de H$_2$; f) resíduo obtido a partir do papel de filtro após filtração sob vácuo da amostra regenerada; g) Li$_3$ AlH$_6$ preparado mecanicamente a partir de 2LiH+LiAlH$_4$ de acordo com um procedimento apresentado noutro local;[16] h) Al tal como recebido; e i) LiH tal como recebido.

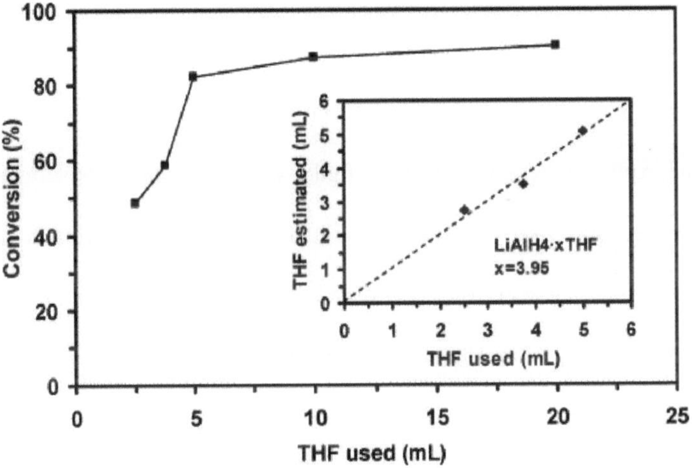

Figura 15 Efeito da quantidade de THF utilizada na cinética de rehidrogenação do LiAlH$_4$ em termos de conversão de LiAlH$_4$. Todas estas experiências foram realizadas utilizando o mesmo procedimento descrito em Materiais e Métodos, com a pressão de rehidrogenação a 97,5

bar. A figura mostra uma correlação linear entre a quantidade de THF utilizada e a prevista, que foi obtida a partir do conhecimento da quantidade de LiAlH regenerado$_4$ na solução de THF e pela variação de x na fórmula complexa LiAlH$_4$ -$xTHF$ até que os dados se alinhassem com a diagonal. Os resultados na figura verificaram não só que a conversão foi limitada pela quantidade de THF, mas também que o aduto LiAlH$_4$ -4THF se formou, de acordo com o relatado na literatura. A quantidade de LiAlH4 regenerado na solução de THF era conhecida e a quantidade de THF utilizada e a quantidade antecipada estavam linearmente correlacionadas, como mostra a figura. Esta correlação foi obtida ajustando o valor de x na fórmula do aduto LiAlH4xTHF até que os resultados estivessem alinhados com a diagonal. O aduto LiAlH44THF produzido entre o LiAlH4 e o THF, o que explica o facto de a curva da figura 4 ter diminuído sensivelmente quando se utilizaram quantidades modestas de THF, e esta correlação não só confirmou que a conversão era limitada pela quantidade de THF. As características do LiAlH4 em soluções etéreas ajudam a explicar este comportamento.

Foram utilizados métodos condutométricos, ebulloscópicos e espectroscópicos para analisar as características físicas e químicas do LiAlH4 em soluções etéreas. 20-22 Estas experiências demonstraram que os pares de iões LiAlH4 em THF são separados por solvente e existem em dois equilíbrios dependentes da concentração: a baixas concentrações (0,1

M THF), existe um equilíbrio entre pares de iões e iões livres, enquanto que a concentrações mais elevadas (0,4 M THF), formam-se iões triplos.

Pelo contrário, observou-se que o LiAlH4 em éter dietílico forma apenas iões de contacto e é independente da concentração20,21, o que pode ajudar a explicar por que razão o LiAlH4 em Et2O não sofre rehidrogenação. Além disso, o LiAlH4 é solvatado por quatro moléculas de THF, de acordo com os dados de RMN, sugerindo a criação de um aduto LiAlH44THF.20 A ordenação dos solvatos de catiões, de acordo com as medições de infravermelhos e Raman, é Li+ em LiAlH4, Li+ em Et2O, Li+ em THF e Li+ em diglucano. O THF liga-se firmemente ao Li+ no LiAlH4 para produzir um solvato de lítio com quatro coordenadas.20,22 Além disso, na gama de temperaturas entre 70 e 25 °C, a alteração da entalpia de formação do LiAlH4 como pares de iões separados por solvente no THF foi calculada como sendo 32 kJ/mol inferior à associada ao LiAlH4 como pares de iões de contacto no Et2O.20,23,24 Além disso, foi determinado que a agregação de iões LiAlH4 em THF de concentrações mais baixas para mais altas era exotérmica.22 Assumiu-se assim que uma alteração de entalpia de 30 a 40 kJ/mol era a razão pela qual o LiAlH4 era mais estável em THF do que em Et2O.

Além disso, a energia livre padrão associada à reação na equação 3, em que o LiAlH4 é formado a partir do LiH e do Al, varia entre 21,7 kJ/mol e 34,27 kJ/mol 26 e à reação inversa na equação 1, em que o LiAlH4 é formado a partir do Li3AlH6 e do Al, varia entre 18,7 kJ/mol e 27,68 kJ/mol.26 Consequentemente, estas reacções não acontecem por si só. As entalpias e/ou entropias destas reacções precisam de ser alteradas para se tornarem termodinamicamente mais vantajosas. Embora as entropias possam ser alteradas aumentando a pressão do hidrogénio, a reação na equação (3) necessita de uma pressão muito elevada e a reação oposta na equação (1) necessita de pelo menos 1000 bar. Por outro lado, se as entalpias destas reacções aumentarem, poderão começar a ser termodinamicamente favorecidas. Devido ao efeito de solvatação provocado pelo LiAlH4, que cria pares de iões separados por solvente no THF, inferiu-se dos resultados do estudo que tal aconteceu de facto. Estes resultados indicaram que a conversão destas reacções foi limitada pela formação de um aduto LiAlH44THF e que não ocorreu qualquer regeneração do LiAlH4, mesmo a pressões de hidrogénio até 100 bar, que a regeneração não ocorreu em éter dietílico e que a alteração de entalpia associada à solvatação do THF com LiAlH4 tornou estas reacções termodinamicamente favoráveis e, por conseguinte, facilmente reversíveis pela via físico-química.

Além disso, os impactos da concentração do catalisador de Ti e da HPBM são ilustrados na Figura 5, juntamente com a influência da pressão de hidrogénio na cinética de hidrogenação do LiAlH4 em termos de conversão. A conversão foi de quase 90% na gama de pressões de hidrogénio entre 60 e 98 bar, mas diminuiu para aproximadamente 73% a 14,8 bar. No entanto, o processo demonstrou uma cinética de hidrogenação significativa mesmo a pressões de hidrogénio extremamente baixas, como se pode ver pela taxa de conversão de 44% a 4,5 bar. É importante notar que a pressão no recipiente selado após a fase de regeneração do HPBM foi consistentemente inferior à pressão a que se iniciou a desidrogenação. De facto, previu-se que mesmo a pressões de hidrogénio tão baixas como 1 bar, a reação pode ainda ter lugar com uma cinética satisfatória.

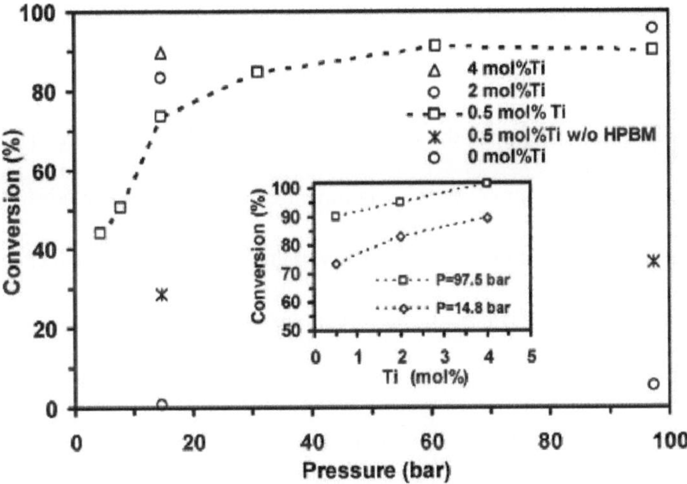

Figura 16: Efeitos da concentração do catalisador de Ti, da moagem de bolas a alta pressão (HPBM) e da pressão de H2 na cinética de desidrogenação do LiAlH4 em termos de conversão de LiAlH4. O volume de THF foi mantido constante em 20 mL ao longo de todos estes testes,

que foram efectuados de acordo com o protocolo idêntico ao indicado em Materiais e Métodos. A figura ao lado ilustra mais claramente como a concentração do catalisador de Ti afecta a conversão.

Os resultados da Figura 16 demonstram que, apesar de ser capaz de regenerar o LiAlH4 sem a presença de Ti, a cinética foi muito lenta. Este facto é relevante para a concentração do catalisador. A 14,8 bar, a conversão foi inferior a 1%, e a 97,5 bar, foi apenas de aproximadamente 5%. Com conversões de 73% e 90% a 14,8 e 97,5 bar, respetivamente, a amostra dopada com apenas 0,5 mol% de Ti demonstrou uma boa cinética. A figura mostra que a conversão aumentou praticamente de forma linear de 73% para 90% a baixa pressão (14,8 bar) e de 90% para 100% a alta pressão (97,5 bar) quando a concentração do catalisador de Ti foi aumentada de 0,5 para 4 mol%. Claramente, uma quantidade modesta do catalisador de Ti aumentou significativamente as taxas de hidrogenação da produção de LiAlH4. A função mecanicista do Ti não é bem conhecida, nem o envolvimento do Ti no sistema de NaAlH4 dopado com Ti, bem investigado.8 No entanto, é evidente a partir destes resultados e dos da Figura 2 que o catalisador de Ti é ineficiente quando o THF não está presente, indicando que o Ti está de alguma forma a interagir com o aduto LiAlH44THF.

Relativamente à HPBM, os resultados da Figura 5 demonstram que foi alcançada uma conversão de cerca de 30% para a amostra de LiAlH4 dopada com Ti a 0,5 mol%, mesmo sem uma etapa de HPBM. A conversão, no entanto, nunca foi superior a metade do que foi alcançado com HPBM. Este resultado confirmou que a cinética de hidrogenação foi muito melhorada pela fase HPBM quando emparelhada com THF. As explicações possíveis incluem a HPBM que melhora as colisões dos reagentes sólidos, líquidos e gasosos ou fornece energia térmica adicional (convertida a partir de energia mecânica) que ajuda a reação. 28

Conclusões

A desidrogenação cíclica e a rehidrogenação de LiAlH4 a partir de Li3AlH6, LiH e Al foram claramente delineadas através de um mecanismo físico-químico único. Foi também demonstrado que os processos de hidrogenação que resultam em LiAlH4 podem ser mais reversíveis utilizando um agente complexante líquido, como o THF, em combinação com um catalisador de Ti e um ambiente de hidrogénio durante a moagem de bolas a alta pressão. Descobriu-se que o principal fator que promove a rehidrogenação é a produção de um aduto LiAlH4-4THF em THF. Um dos materiais de armazenamento de hidrogénio mais conhecidos, o LiAlH4 dopado com Ti, foi criado por este processo físico-químico e apresentou uma capacidade de armazenamento de hidrogénio de cerca de 4% em peso na gama de 100 °C. A pressões entre 4,5 e 97,5 bar e praticamente à temperatura ambiente, foi também facilmente reidratado utilizando THF e o método físico-químico, sendo o THF totalmente recuperável.

O LiAlH4 pode tornar-se um dos materiais mais desejáveis para aplicações estacionárias de armazenamento de hidrogénio em resultado deste processo cíclico. Para cumprir os critérios mais exigentes das aplicações de transporte, esta tecnologia única tem de ser mais investigada com materiais adicionais de armazenamento de hidrogénio de maior capacidade, muito provavelmente, mas não só, pertencentes à classe de materiais de hidretos metálicos complexos. Para incentivar o desenvolvimento de materiais práticos de armazenamento de hidrogénio para aplicações industriais, é também necessário um maior conhecimento mecanicista das fases cruciais deste mecanismo físico-químico.

O TiCl3 (Aldrich, 99,99%, anidro), o pó de alumínio (Alfa Aesar, 99,97%) e o LiH (Aldrich, 95%) foram utilizados exatamente como fornecidos. Utilizou-se uma solução 3 M de éter dietílico (Et2O) (Aldrich, 99,9%, anidro) para recristalizar o pó de LiAlH4 (Aldrich, 95%), que foi depois filtrado através de papel de filtro de 0,7 m e seco sob vácuo. Segue-se o processo normal para efetuar um ciclo de desidrogenação/reidrogenação com LiAlH4. Para criar uma amostra que foi dopada com até 4 mol% de metal em comparação com Na, 1 g de LiAlH4 foi combinado com o precursor do catalisador (TiCl3). A amostra foi então colocada num moinho de bolas de alta energia SPEX 8000 carregado com um frasco de

65 cm3 de aço inoxidável contendo uma única bola de aço inoxidável (8,2 g) com um diâmetro de 1,3 cm, e moída com bolas durante 20 minutos a várias pressões de hidrogénio (National Welders, UHP, 99,995%), variando de 4,5 a 97,5 bar. A amostra foi moída com bolas e depois aquecida a 90 °C durante 5 horas para a desidratar. O material desidrogenado foi então submetido a um processo de moagem de bolas de 2 horas a várias pressões de hidrogénio que variam entre 4,5 e 97,5 bar. A combinação foi então moída com bolas durante mais duas horas a várias pressões de hidrogénio, variando de 4,5 a 97,5 bar. Tetrahidrofurano (THF) (Aldrich, 99,9%, anidro) foi então adicionado a esta amostra em quantidades que variaram de 2,5 a 20 mL. A fim de separar o LiAlH4 rehidrogenado do material desidrogenado como um precipitado do filtrado, a mistura heterogénea resultante, que incluía compostos solúveis e insolúveis, foi filtrada no vácuo através de papel de filtro de 0,7 m e seca no vácuo. A última etapa da via físico-química consistiu na redopagem da amostra com catalisador, utilizando o resíduo que ficou no papel de filtro, constituído por reagentes insolúveis e catalisador. Todos os procedimentos de manipulação das amostras foram efectuados numa estufa de azoto. A quantidade de amostra obtida do filtrado após a rehidrogenação foi dividida pela quantidade total de amostra obtida após a rehidrogenação, que incluía o filtrado e o resíduo no papel de filtro.

Foi utilizado um analisador termogravimétrico (TGA) Perkin-Elmer TGA 7 Series para efetuar a análise termogravimétrica. À pressão atmosférica, em hélio (National Welders, UHP, 99,995%) que flui a 60 cm3/min num modo de dessorção programada por temperatura (TPD), foram avaliadas as taxas de desidrogenação de várias amostras de LiAlH4 dopadas e moídas com bolas. Depois de purgadas com hélio durante um minuto, as amostras foram aquecidas a 250 °C a uma taxa crescente de 5 °C/min para os ensaios de TPD. Em cada ensaio TPD, a dosagem da amostra foi de cerca de 10 mg.

Através de observações de difração de raios X (XRD) com um difratómetro mono-eixo Rigaku D-max B e uma fonte de radiação Cu K (= 0,1543 nm), foram descobertas as alterações estruturais/composicionais dos materiais. Para a proteger do oxigénio e da humidade, foi colocada uma película de celofane sobre a amostra. Foi a difração da película que criou os picos de 2 = 25,5 e 28,6.

Capítulo 3: Gás de Browns (HHO) utilizando electrólitos

Introdução

De acordo com o International Energy Outlook 2016 , o consumo de combustíveis líquidos aumentará globalmente 1,1% por ano no sector dos transportes e 1,0% por ano no sector industrial entre 2012 e 2040, ultrapassando a taxa de crescimento da população mundial de 1,14% por ano, segundo o relatório do Banco Mundial de 2016 . Este aumento é atribuído a uma maior dependência da utilização de energia eléctrica, de automóveis e de aparelhos tecnológicos, em especial nos países emergentes. De acordo com a previsão do IEO2019 , o consumo global de energia deverá aumentar quase 50% entre 2018 e 2050. Os principais combustíveis utilizados nas aplicações de aquecimento e eletricidade são os combustíveis fósseis. No entanto, à medida que a procura de energia aumenta, estes combustíveis estão a contaminar e a esgotar mais rapidamente as fontes de energia. Devido a estes dois problemas, o mundo está a concentrar-se na utilização do maior número possível de fontes de energia renováveis para fins de eletricidade e aquecimento.

Devido à ausência de carbono e à sua maior eficiência de combustão, o hidrogénio é um dos combustíveis mais limpos. O hidrogénio pode ser produzido a partir de uma variedade de fontes, incluindo biomassa, carvão e água. Pode ser utilizado como aditivo de combustível numa caldeira de uma central eléctrica a vapor, bem como uma fonte de energia em motores térmicos. A escassez de instalações de armazenamento e abastecimento e a necessidade de um funcionamento mais seguro quando se utiliza o hidrogénio nas formas líquida e gasosa são os seus dois principais inconvenientes. Para aplicações de produção de eletricidade, pode ser utilizado como combustível de substituição nas formas sólida, líquida ou gasosa. Apresenta as seguintes vantagens. No entanto, pode ser utilizado para alimentar naves espaciais, uma vez que (i) é abundantemente renovável e praticamente uma fonte de energia limpa (ii), (iii) não é tóxico, (iv) tem uma melhor eficiência de combustão do que outras fontes de energia e (v) não é tóxico. Por outro lado, devido aos seus problemas de armazenamento a temperaturas muito baixas e a alta pressão, o hidrogénio parece ser difícil de utilizar em veículos móveis. O tanque de armazenamento de hidrogénio tem de ser armazenado com extremo cuidado, uma vez que qualquer fuga teria efeitos devastadores. Por conseguinte, os investigadores estão a concentrar-se na resolução dos problemas acima mencionados, a fim de propor o gás HHO, que é um tipo diferente de hidrogénio. Pode ser criado através de um sistema de produção de hidrogénio a bordo. É também designado por gás de água, gás de Rhodes, gás de Brown, gás oxi-hidrogénio, hidroxigénio, gás hidroxi e gás hidroxilo. De acordo com Brown , este gás foi utilizado pela primeira vez desta forma.

O gás HHO é frequentemente criado pelo método de eletrólise da água e tem uma composição estequiométrica de 2:1 de hidrogénio e oxigénio gasosos. Dado que tem melhores qualidades de combustão e é simples de produzir a bordo, a gasolina HHO foi recentemente combinada com gasolina e gasóleo e utilizada em motores de ignição por faísca (SI) e de ignição por compressão (CI), respetivamente. A abordagem da eletrólise é uma delas e descobriu-se que é um pouco eficaz e menos dispendiosa.

Com a ajuda de uma entrada eléctrica necessária, uma solução composta por um sal químico e água é convertida em hidrogénio e oxigénio durante o processo de eletrólise. No processo de eletrólise pode ser utilizado um sal químico ácido-base ou um sal químico alcalino-base. Exemplos de sais utilizados para fazer a solução de eletrólise incluem H_2SO_4, $NaCl$, $NaOH$, KOH e $NaHCO_3$. O processo global de eletrólise, a otimização dos parâmetros do processo, a conceção do eletrolisador e a comercialização de unidades electrolíticas para a produção de hidrogénio são temas abordados num grande número de artigos. De forma semelhante, a eletrólise da água pode criar gás HHO. Um eletrolisador é um dispositivo que produz HHO utilizando células electrolíticas. Existem dois tipos diferentes destes electrolisadores: electrolisadores de células húmidas e electrolisadores de células secas. Os eléctrodos do ânodo e do cátodo são submersos numa solução electrolítica num eletrolisador do tipo célula húmida. Num eletrolisador do tipo célula seca, por outro lado, foi produzida uma solução electrolítica para fluir entre as placas dos eléctrodos. Embora os electrolisadores de célula húmida possam produzir mais gás, também consomem muita eletricidade. Devido à necessidade de reduzir e selar o conteúdo do eletrólito em termos de volume, o eletrolisador de célula seca pode ser utilizado em motores móveis [16]. São possíveis as seguintes utilizações para a gasolina HHO: (a) como combustível alternativo aos combustíveis fósseis em motores térmicos para a produção de energia (b) como agente de limpeza de carbono para peças de veículos, tais como tubos de escape, conversores catalíticos, filtros de partículas diesel (DPF), turbocompressores e válvulas de recirculação dos gases de escape (EGR). As peças do motor incluem velas de ignição, pistões, câmaras de combustão e válvulas. (c) Utilizações para cozinhar em casa (d) A produção de energia das hastes Aplicações para soldadura e corte (e) (f) Destilação solar utilizando um sistema híbrido. As secções seguintes abordam estudos de investigação actuais que foram realizados sobre o fabrico de HHO utilizando vários geradores e a sua utilização em motores de combustão interna (SI e CI), produção de energia, cozinha, soldadura e aplicações de destilação solar para corte.

Gás HHO

Combinando eletricidade e uma reação eletroquímica conhecida como eletrólise, que foi inventada por Michael Faraday no século XIX, o hidrogénio e o oxigénio são separados da água para produzir o gás HHO. Uma célula electrolítica, frequentemente designada por célula eletroquímica, é utilizada para realizar a eletrólise através da utilização de energia eléctrica para desencadear uma reação redox não espontânea. Numa célula electrolítica, o processo eletroquímico envolve a transferência de electrões do terminal negativo para o terminal positivo à custa de corrente. A divisão das moléculas de água resultou numa relação estequiométrica de 2:1 para o hidrogénio e o oxigénio, em teoria. O quadro

1 apresenta as características necessárias para calcular a densidade do gás HHO.

O quadro 1 apresenta as propriedades para o cálculo da densidade do gás HHO.

Imóveis	Hidrogénio (H_2)	Oxigénio (O_2)	Ar
Peso atómico (g/mol.)	1	16	28.97
Densidade (kg/m^3)	0.0897	1.429	1.225

O poder calorífico de um combustível é a quantidade de calor contida no combustível numa unidade de massa (ou de volume, no caso do gás) do combustível, expressa em kJ/kg ou kJ/m^3 . É normalmente determinado por um calorímetro. O gás de Brown contém hidrogénio como combustível e oxigénio como oxidante (adjuvante da combustão) na proporção de 1:8. As propriedades essenciais necessárias para o cálculo do gás HHO são apresentadas na Tabela 2.

Quadro 2. Poder calorífico do oxigénio e do hidrogénio considerado para o cálculo do poder calorífico do HHO.

Substância	Imóveis	Valor
Oxigénio (O)$_2$	Poder calorífico (kJ/kg)	Nulo (actuou como oxidante)
Hidrogénio (H)$_2$	Poder calorífico (kJ/kg)	119,950

De acordo com a base atómica molecular, 9 kg de HHO são 8 kg de O_2 + 1 kg de H_2 . Assim, o valor calorífico do gás HHO =119,9509=13,328 kJ/kg K

Comparação das propriedades do HHO com outros combustíveis O gás HHO tem uma gama de inflamabilidade mais ampla do que o hidrogénio, variando entre 4% e 95% do seu volume no ar. O gás HHO tem uma densidade extremamente baixa (0,5378 kg/m3) em comparação com todos os outros combustíveis gasosos. Por este motivo, se for descarregado numa área aberta, normalmente sobe e dispersa-se rapidamente. Isto é vantajoso para a segurança num ambiente exterior.

O quadro 3 enumera algumas das características físico-químicas significativas do HHO em comparação com outros combustíveis gasosos. Com base na quantidade de hidrogénio presente nos mesmos, são compiladas as seguintes características do gás HHO

- a) O HHO pode ser utilizado como combustível gasoso, tal como o hidrogénio, nos motores de combustão interna, devido à sua ampla gama de inflamabilidade. É compatível com uma variedade de rácios ar-combustível.

- b) Como o HHO contém hidrogénio, arde com menos energia do que a gasolina. Este facto promove a ignição rápida de misturas pobres em motores de combustão interna.

- c) A presença de hidrogénio no HHO faz com que este tenha uma difusividade muito elevada. Este facto tem duas vantagens fundamentais. Em primeiro lugar, facilita o desenvolvimento de uma combinação consistente de combustível e ar. Em segundo lugar, se ocorrer uma fuga de HHO, o HHO espalha-se rapidamente. Como resultado, situações perigosas podem ser evitadas ou reduzidas.

- d) Dado que o HHO tem uma densidade baixa, é necessária uma maior capacidade de armazenamento para o manter. Isto também tem um impacto na densidade energética, que por sua vez tem um impacto na utilização de combustível e na potência.

- e) Devido à sua curta distância de extinção, tem uma elevada probabilidade de retrocesso do fogo. No entanto, esta pode ser reduzida através da utilização de um pára-chamas.

- (f) O hidrogénio no HHO confere-lhe uma velocidade de chama mais rápida. Por conseguinte, a sua aplicação em motores de combustão interna exige um funcionamento mais seguro do motor.

Tipos de geradores de gás HHO simples

É comum utilizar tanto produtores de HHO de célula húmida como de célula seca. Os três tipos de produtores de HHO de célula seca são (a) célula alfa, (b) célula beta e (c) célula ómega [25]. Os vários tipos de geradores de gás HHO são apresentados na Fig. 1. Num gerador de gás HHO de célula húmida, os eléctrodos estão submersos numa solução de eletrólito e água num recipiente.

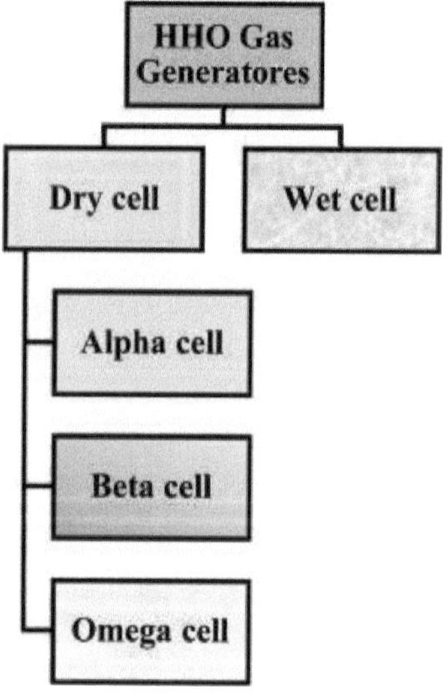

Fig. 1. Tipos de geradores de gás HHO.

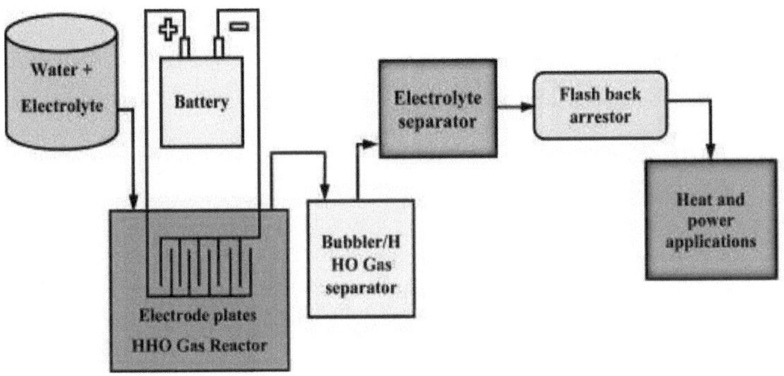

Fig. 2. Gerador de gás HHO de célula húmida. A Fig. 2 é um exemplo de fabrico de HHO num gerador de célula húmida. O inconveniente do gerador de gás HHO de célula húmida pode ser resolvido por um gerador de gás HHO de célula seca. As células secas e as células húmidas variam principalmente na deslocação da placa do elétrodo e no reservatório de eletrólito. Os eléctrodos, o eletrólito, o reservatório de eletrólito, o reservatório de borbulhagem, os acessórios e as mangueiras, as placas laterais não condutoras e os parafusos e porcas para fixar o dispositivo são as partes principais dos geradores de células secas de gás HHO. As placas de ferro, as placas de aço inoxidável, as placas de grafite, as placas de cobre e as placas de alumínio são os materiais mais frequentemente utilizados para os eléctrodos. Produtos químicos como o ácido acético (CH3COOH), o bicarbonato de sódio (NaHCO3), o hidróxido de sódio (NaOH), o hidróxido de potássio (KOH) e o cloreto de sódio (NaCl) são exemplos de solutos electrolíticos. A figura 3 mostra a representação esquemática de um reator de gás HHO de célula seca. As células HHO

secas apresentam algumas vantagens, incluindo (i) uma menor necessidade de corrente para cada célula, (ii) uma conceção mais compacta, (iii) menor manutenção e (iv) menor formação de corrosão.

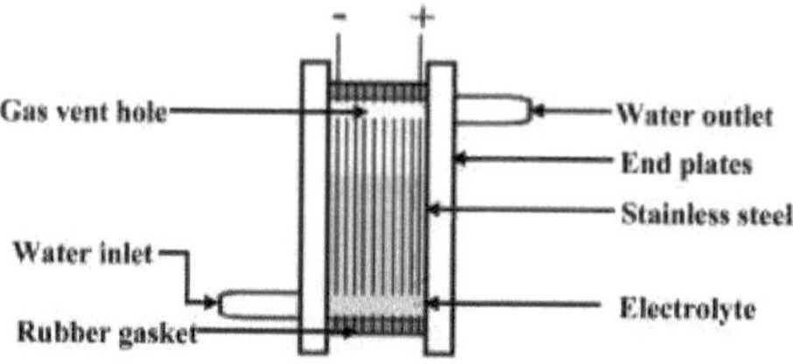

Fig. 3. Reator de gás HHO de célula seca.

Trabalhos experimentais sobre geradores de gás HHO A eficácia de um sistema de geração de gás HHO no local foi estudada por De acordo com os resultados experimentais, um eletrolisador a 80 °C pode produzir um máximo de 0,75 LPM de gás HHO quando alimentado com 40 A-h. Kady et al. [34] efectuaram uma experiência em célula seca para estudar a síntese de hidroxi (HHO). O caudal máximo de HHO foi obtido com a melhor conceção de célula, que foi determinada comparando as concepções de célula seca, húmida e híbrida. Uma concentração de eletrólito de 5 g de NaOH e uma corrente fornecida de 14 A resultaram na maior produtividade de HHO de 866 ml/min e numa eficiência do eletrolisador de 72,1%. Os resultados de uma avaliação experimental da taxa de síntese de oxi-hidrogénio (HHO) utilizando células secas e húmidas foram comparados por No Quadro 4, são descritos na íntegra vários estudos experimentais sobre geradores de HHO com várias configurações, incluindo a quantidade de energia utilizada e o gás HHO produzido.

De acordo com uma percentagem, a Fig. 4 mostra os vários materiais que foram utilizados pelos investigadores como eléctrodos nos geradores HHO. A utilização do aço inoxidável de grau 316L (SS316L), que é superior à do SS304 (6,8%), SG135L (3,5%) e SS (3,5%), é de 86,2%. Os principais factores que contribuem para a elevada utilização do tipo SS316L como material de elétrodo são a sua elevada condutividade eléctrica para eletrólise, a elevada condutividade térmica, o elevado ponto de fusão e a densidade de 7,96 g/cm3. Os vários electrólitos que os investigadores utilizaram para aumentar a condutividade da água, numa base percentual, são apresentados na Fig. 5. KOH (55,2%), NaOH (34%), água da torneira (3,5%), Ba(OH)2 e NaHCO3 (3,5%) são alguns exemplos. A maioria dos investigadores utilizou KOH porque (i) melhora a condutividade e (ii) é utilizado na eletrólise da água, o que evita os problemas de corrosão provocados pelos electrólitos ácidos. O hidróxido de sódio (NaOH) não foi escolhido porque as soluções electrolíticas anteriores tinham melhores condutividades.

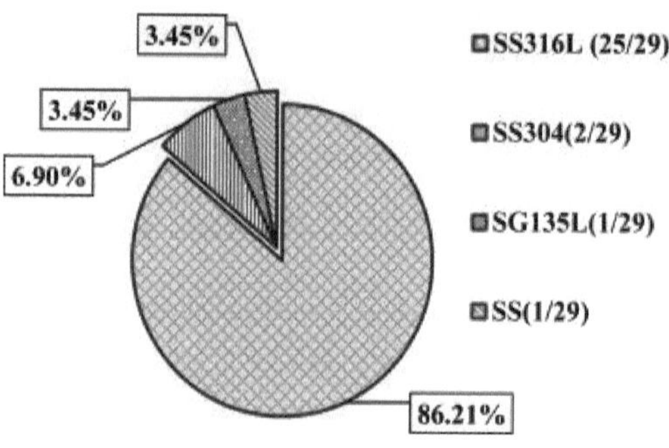

Fig. 4. <u>Materiais de eléctrodos</u> utilizados pelos investigadores.

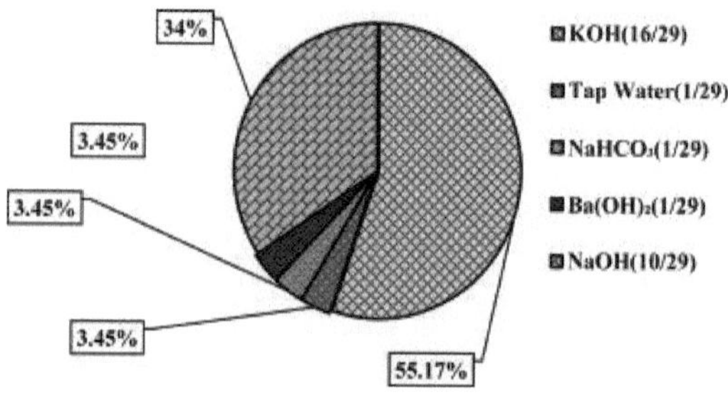

Fig. 5. Diferentes electrólitos utilizados pelos investigadores. Seguem-se as principais conclusões da investigação experimental mencionada no Quadro 4

O gás HHO é criado a bordo ou no local utilizando um eletrolisador de célula húmida ou de célula seca para eletrolisar a água.

A concentração da solução electrolítica no potencial, o impacto do tempo e da temperatura na taxa de produção, a quantidade de energia necessária e o número de módulos ou unidades de produção de gás HHO são todos factores que influenciam a produção de gás HHO.

A tabela 4 mostra que KOH ou NaOH são os dois electrólitos mais frequentemente utilizados para obter um elevado rendimento de gás HHO.

Devido às suas propriedades ideais para a produção de HHO, o material SS316L foi escolhido como material para os eléctrodos.

A abertura do elétrodo do eletrolisador também tem um impacto significativo na produção de gás HHO.

A formação de gás HHO também é afetada pela densidade da corrente.

Um método de produção de gás HHO no local foi também objeto de análise numérica por Os resultados numéricos mostraram que a eficiência de Faraday do sistema era de cerca de 97%. A fórmula empírica fornecida na secção numérica foi utilizada para calcular a quantidade de hidrogénio e oxigénio criados. O gás HHO só podia ser criado a uma taxa máxima de 1,3 LPM a 80 °C e a uma fonte de energia de 40 A/h. De acordo com os cálculos numéricos, eram necessárias 200 células electrolisadoras para criar 64 LPM de hidrogénio em gás HHO a 80 °C e 40 A/h. Verificou-se igualmente que o número de células no eletrolisador e a quantidade de corrente transmitida tinham um impacto significativo no ritmo de produção de gás HHO. A uma temperatura e pressão típicas de 1 atm e 1 L de água, são necessários 13,154 MJ de energia para dividir a água em hidrogénio e oxigénio.

Através de um modelo matemático de Ulleberg, foi possível estimar as características de desempenho dos diferentes produtores de gás oxi-hidrogénio. De acordo com os resultados do modelo matemático, o rendimento energético de um gerador de gás HHO oscila entre 73% e 86%

a 30 °C e é inversamente proporcional à sua corrente eléctrica. A eficiência energética aumenta em 74%-84% quando a temperatura do eletrólito é aumentada de 30 °C para 80 °C. A potência de entrada do processo aumenta com o aumento da temperatura. Por conseguinte, a temperatura de funcionamento e a densidade da corrente são os dois factores fundamentais que influenciam o desempenho do gerador de oxi-hidrogénio.

As necessidades energéticas para a síntese a bordo de oxi-hidrogénio (HHO) para sistemas de motores de combustão interna foram examinadas teoricamente por O desvio específico da energia livre de Gibbs e as bases molares são utilizados em fórmulas matemáticas para representar as necessidades energéticas para a geração de HHO por um eletrolisador alcalino.

As necessidades de energia para a produção a bordo de oxi-hidrogénio (HHO), que é utilizado como aditivo de combustível nos automóveis, foram estudadas pelo New European Driving Cycles (NEDC) e pelo World Harmonised Light-Duty Test Cycle (WLTC), dois ciclos de condução distintos, utilizados como modelos para determinar a quantidade de energia necessária para que os geradores de gás HHO a bordo alimentem o motor. Estes resultados podem ser utilizados para criar esquemas de controlo mais sofisticados para a injeção de HHO a bordo e a gestão da potência.

Foi criado um novo controlador proporcional-integral-derivativo (PID) difuso e auto-ajustável para maximizar a quantidade de gás HHO produzido pelo gerador e protegê-lo contra temperaturas elevadas. Os resultados mostram que o controlador PID auto-adaptativo com base difusa que é proposto tem o melhor desempenho dinâmico, rapidez e robustez. Ao fazer a escolha adequada e ao calcular os parâmetros necessários para a formação do sinal PWM com base no PID, o sistema PID difuso fornecido dá ao utilizador a competência necessária.

Aplicações do gás HHO na produção de calor e energia

Devido à existência de hidrogénio, o gás HHO tem certas características distintivas, tais como ser isento de carbono, ter uma velocidade de combustão rápida, elevada difusividade, limites de inflamabilidade elevados e ter um elevado valor de aquecimento. Devido a estas características, é um combustível alternativo bem conhecido para motores de combustão interna, electrodomésticos, sistemas híbridos e produção de energia a vapor.

Motores de combustão interna que utilizam gás HHO

Embora a gasolina HHO possa ser utilizada em motores de ignição por compressão com os necessários ajustamentos do combustível e do motor, também pode ser utilizada em motores de ignição comandada, quer isoladamente quer com uma modesta modificação do combustível [61]. Um motor de elevada eficiência térmica de travagem (BTE) que queima gasolina de forma mais eficiente e diminui rapidamente as emissões de monóxido de carbono (CO), dióxido de carbono (CO2) e hidrocarbonetos não queimados (UHC) é um resultado provável das qualidades. A utilização da gasolina HHO como combustível alternativo aos combustíveis fósseis tradicionais utilizados nos motores de combustão interna para produzir energia é abordada na secção que se segue.

Um estudo recente sobre a estabilidade da combustão dos motores a gás de xisto com a utilização de gás HHO foi realizado por Devido ao radical de oxigénio ativo hidroxilo (OH) presente no gás HHO, o fornecimento de gás HHO nos motores de xisto melhorou o processo de combustão da variação cíclica, a taxa de libertação de calor do cilindro, a temperatura de combustão e a propagação da chama. A eficácia da utilização de gasolina HHO para contornar as limitações do motor de ignição por compressão com carga homogénea (HCCI) foi avaliada por Os resultados mostraram que as limitações provocadas pela combustão pobre do motor HCCI, incluindo uma gama de potência limitada, podiam ser ultrapassadas. Foi determinado que os impactos combinados do potencial de aquecimento elevado e rápido do gás de eletrólise da água provocaram uma redução do consumo de combustível de cerca de 50% em comparação com o caso de fornecer apenas combustível líquido.

analisou a eficácia de um gerador termoelétrico (TEG) ligado ao escape de um motor diesel para alimentar um gerador de gás HHO. O biodiesel de Jatropha foi combinado com gasolina HHO para alimentar o motor diesel. De acordo com os resultados, o gerador termoelétrico produziu eletricidade suficiente para fazer funcionar o gerador de gás HHO. Salek et al. também criaram um projeto único de recuperação de calor residual (WHR) utilizando TEG para alimentar a unidade HHO. O software AVL foi utilizado para simular um motor a fim de desenvolver um TEG para alimentar a unidade HHO. De acordo com os resultados, o TEG foi capaz de fornecer a energia necessária para a unidade HHO.

Utilização de gasolina HHO em veículos comerciais

O impacto da gasolina HHO nos sistemas de admissão do motor de cinco automóveis de passageiros disponíveis no mercado - três motores de ignição comandada (Fiat Cinquecento, Renault Twingo e Opel Corsa) e dois motores de ignição por compressão (Skoda Octavia e Opel Combo) - foi estudado experimentalmente por De acordo com os relatórios, na maioria das vezes, as concentrações de CO e HC nos gases de escape diminuíram, enquanto as concentrações de NOx diminuíram nos motores de ignição comandada, mas aumentaram nos motores a gasóleo. Os efeitos do gás HHO nos sistemas de admissão do motor de cinco veículos de passageiros com três motores SI (Skoda Felicia 2, Skoda Fabia 2 e Kia Ceed) e dois motores CI (Skoda Felicia 1 e Kia Sportage) foram também estudados por Foram tidos em conta a potência e o binário do motor, a composição dos gases de escape e a economia de combustível. De acordo com os relatórios, verificou-se uma diminuição da potência do motor, do binário e do consumo de combustível.

Utilização de gasolina HHO em motores SI

O hidrogénio gasoso que constitui o gás HHO tem limites de inflamabilidade muito elevados. Devido a esta caraterística, um motor de ignição comandada pode funcionar com HHO praticamente sem qualquer estrangulamento. Uma vantagem da utilização de HHO num motor SI é que, em circunstâncias estequiométricas, a combinação HHO-ar contendo hidrogénio pode arder sete vezes mais rapidamente do que a mistura gasolina-ar.

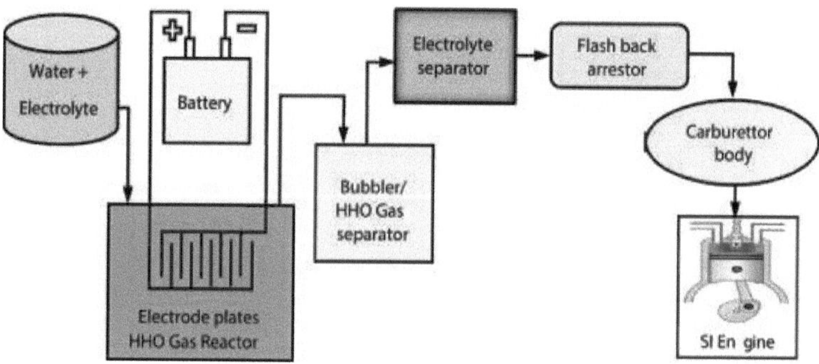

Fig. 6. Ilustração esquemática do sistema HHO num motor de ignição comandada.

O HHO pode ser eventualmente utilizado num motor de ignição comandada de forma semelhante aos métodos pelos quais o hidrogénio é utilizado. Os métodos utilizados são os seguintes: a) indução por coletor;

b) introdução direta de gás HHO no cilindro; c) gasolina suplementar. Segue-se uma breve descrição destes métodos:

- (a)

Indução por coletor: Na indução por coletor, o HHO em forma gasosa pode ser enviado através de uma válvula para o coletor. Isto pode ajudar a evitar o risco de flashback. Foi referido que a potência de travagem do motor é limitada por dois factores: (i) pré-ignição e (ii) retrocesso de chama.

- (b)

Indução direta: Neste método, o HHO pode ser introduzido diretamente no cilindro através de um injetor. Entre o reservatório de combustível e o motor, deve ser colocado um dispositivo de segurança que evite o flashback. A dosagem do combustível também pode ser integrada nesta unidade

- (c)

Combustível suplementar: Neste método, o HHO pode ser utilizado como combustível substituto da gasolina em motores de ignição comandada. O combustível gasoso pode ser misturado com gasolina no carburador e enviado para o motor, onde será comprimido pelo pistão e inflamado com a ajuda de uma vela de ignição. As disposições de todos os componentes utilizados neste método são mostradas na Fig. 7.

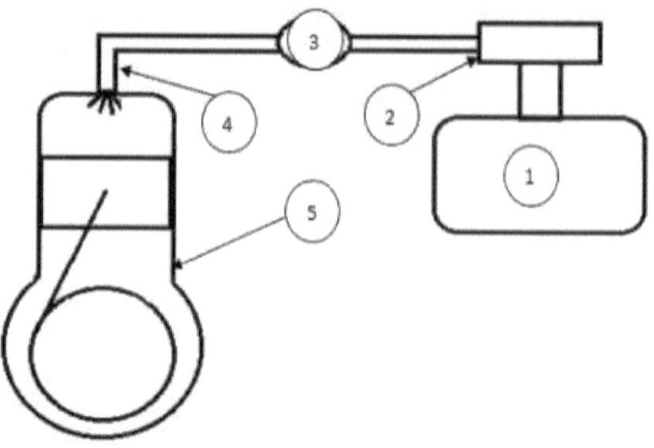

1. LH$_2$ tank with p_{Max} = 0.5 atm	2. GH$_2$ pump
3. Small chamber high-pressure GH$_2$ and metering device	4. H$_2$ injector
5. Internal combustion engine	

Fig. 7. Sistema de armazenamento de combustível e de injeção de gás.

Os resultados da investigação obtidos por vários investigadores relativamente ao desempenho e às emissões em motores SI que funcionaram com HHO são apresentados no Quadro 5.

Tabela 5. Utilização do gás HHO em motores SI.

Utilização de gás HHO em motores de ignição por compressão

Os combustíveis gasosos não podem ser utilizados diretamente nos motores de ignição por compressão porque (i) não podem ser injectados na câmara e (ii) o índice de cetano dos combustíveis gasosos não é considerado elevado. Isto causará um problema de detonação. Por conseguinte, para utilizar combustíveis gasosos no motor de ignição por compressão, recorre-se ao funcionamento com dois combustíveis. Existem dois métodos de utilização do gás HHO em motores de ignição

136

por compressão semelhantes à utilização do hidrogénio em motores de ignição por compressão .

- (i)

O HHO em forma gasosa pode ser utilizado para fazer funcionar um IC em modo de duplo combustível. Uma vez que se encontra na forma gasosa, pode ser induzido como combustível principal na aspiração do motor. Para iniciar a combustão, é injetado um combustível piloto no cilindro no final do curso de compressão. O gasóleo ou um combustível semelhante ao gasóleo pode ser utilizado como combustível piloto numa operação de duplo combustível.

- (ii)

O HHO pode ser introduzido diretamente no cilindro no final do curso de compressão utilizando um injetor. Pode ser utilizado como único combustível sem a ajuda de faísca ou incandescência no final do curso de compressão (i) devido à sua menor temperatura de auto-ignição e (ii) à produção e utilização simultâneas de gás a bordo sem qualquer armazenamento. A Fig. 8 mostra o gás HHO utilizado como combustível induzido para o motor de ignição por compressão.

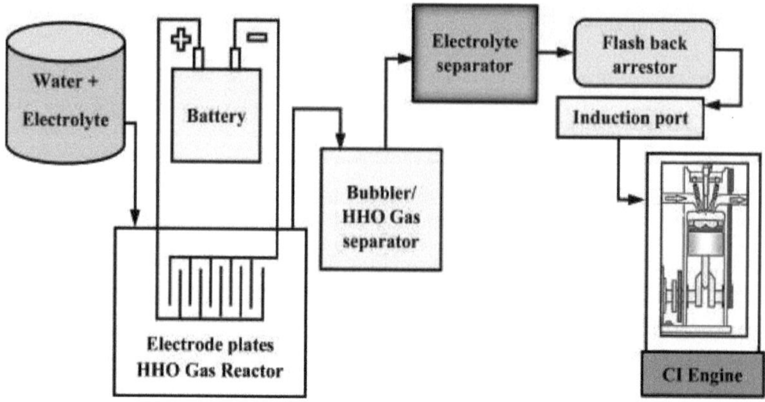

Fig. 8. Diagrama esquemático do gás HHO utilizado como combustível induzido para o motor de ignição por compressão.

Utilização de gás HHO em caldeiras de vapor

O gás HHO pode ser utilizado como combustível aditivo para aumentar a eficiência da combustão e reduzir os gases poluentes da câmara de combustão de uma caldeira. A Fig. 9 mostra a disposição de um gerador de gás HHO integrado numa caldeira (vapor/biomassa) de uma central eléctrica. A central eléctrica a vapor é constituída por uma caldeira, uma turbina a vapor, um condensador, uma bomba de alimentação de água e um gerador, bem como outros equipamentos auxiliares.

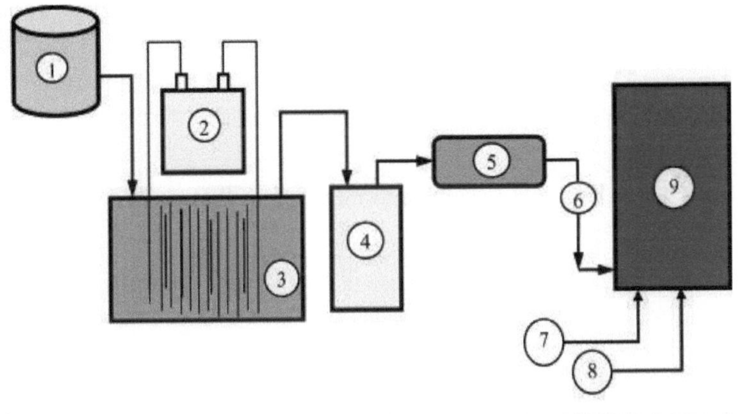

1. Electrolyte supply tank	2. DC battery	3. HHO gas generator
4. HHO gas bubbler	5. Flashback arrestor	6. HHO gas
7. Air	8. Primary fuel	9. Boiler (Steam/Biomass)

Fig. 9. Diagrama esquemático do gerador de gás HHO acoplado à caldeira (vapor/biomassa). A eficiência descreve essencialmente o desempenho de uma caldeira numa central de produção de vapor. As fórmulas de (2) a (4) podem ser usadas para determinar a eficiência da caldeira usando a técnica direta ou o método de entrada-saída.(2)Caldeira: Produção de calor100(3) entrada de calorCaldeira: Produção de calor em vapor (Joules)Produção de calor a partir do combustível (Joules)100(4)Caldeira: Produção de calor em vapor (Joules)Calor de entrada do combustível primário (Joules) mais Calor de entrada do combustível secundário (Joules) é igual a 100.

Esta revisão da literatura centra-se principalmente na forma como a utilização de gás HHO em conjunto com vários combustíveis numa caldeira aumentou o desempenho da caldeira e diminuiu as emissões da caldeira.

caldeira a gás HHO

Uma caldeira de combustão em leito fluidizado (FBC) de 40 THP que foi montada na L&T Industries em Surat, Índia, foi objeto de um estudo de desempenho por Wang et al. Foi realizada uma investigação comparativa utilizando dois tipos distintos de carvão (i) carvão sub-betuminoso e (ii) carvão de lenhite indiano, respetivamente, para verificar o desempenho da caldeira. A comparação dos resultados levou à conclusão de que a utilização de carvão pode ser grandemente reduzida através da utilização de um quilograma de HHO por hora. A utilização de HHO tem o potencial de poupar 57 toneladas de lenhite indiana e 43 toneladas de carvão sub-betuminoso, respetivamente, em termos de quantidade.

Utilização de HHO numa caldeira a óleo

Para investigar melhor o impacto da substituição de HHO por gasóleo leve (LDO) e óleo pesado (HO) no funcionamento e nas emissões de uma caldeira a óleo, realizaram-se dois conjuntos de investigação experimental. O consumo de combustível e a produção de vapor para caldeiras a óleo que funcionam com LDO + HHO e HO + HHO foram calculados como dois critérios de desempenho. Adicionalmente, avaliaram as características de emissão da caldeira de teste utilizando as mesmas operações de combustível. Quando a caldeira funcionou com

LDO + HHO e HO + HHO, as emissões de HC, CO, CO2, NOx e SOx da caldeira foram medidas na chaminé da caldeira. A instalação de ensaio necessária para efetuar ensaios na caldeira a gasóleo/óleo pesado utilizando gás HHO como combustível adicional em várias quantidades (L/h) é mostrada em Os requisitos para caldeiras a óleo e geradores de gás HHO são mostrados nas Tabelas 7 e 8, respetivamente.

O gás HHO é utilizado em sistemas híbridos de destilação solar.

Uma vez que a hibridação melhora o desempenho global e reduz os custos de produção ou de utilização, os sistemas híbridos têm sido investigados em várias indústrias

Na faculdade de engenharia de Ismailia (latitude 30° Norte, longitude 32° Este), criaram uma unidade híbrida de destilação solar que utilizava o HHO como fonte de energia para melhorar o desempenho global de uma destilação solar. O desenho esquemático do alambique solar é apresentado na Fig. 15 e a sua perspetiva fotográfica é mostrada na Fig. 16. O dispositivo híbrido é constituído por um alambique solar típico, quatro módulos de painéis solares fotovoltaicos com uma capacidade de 50 W cada, um gerador de gás HHO e baterias. A bateria eléctrica foi utilizada para armazenar a energia eléctrica gerada pelas células solares fotovoltaicas. Dois geradores de HHO de célula seca receberam energia da bateria.

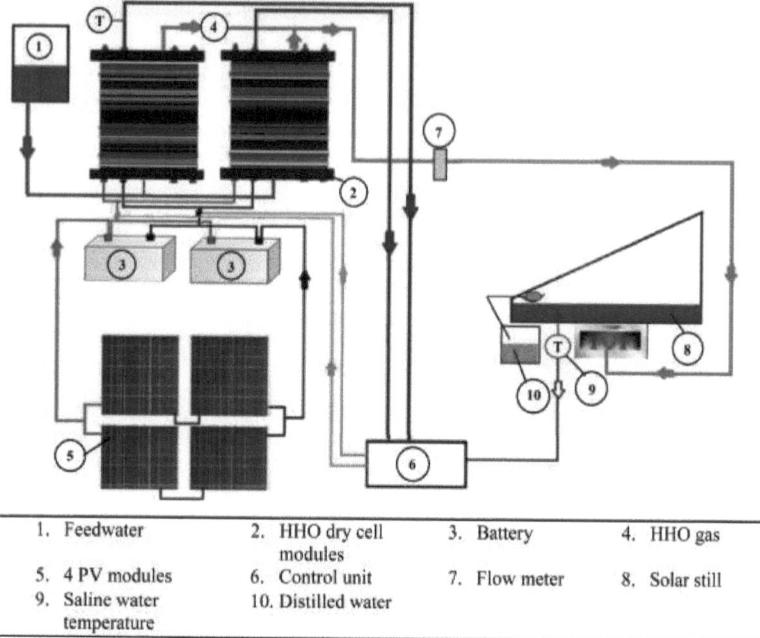

1. Feedwater	2. HHO dry cell modules	3. Battery	4. HHO gas
5. 4 PV modules	6. Control unit	7. Flow meter	8. Solar still
9. Saline water temperature	10. Distilled water		

Fig. 15. Esquema do sistema de <u>dessalinização</u> solar híbrido com gerador de HHO.

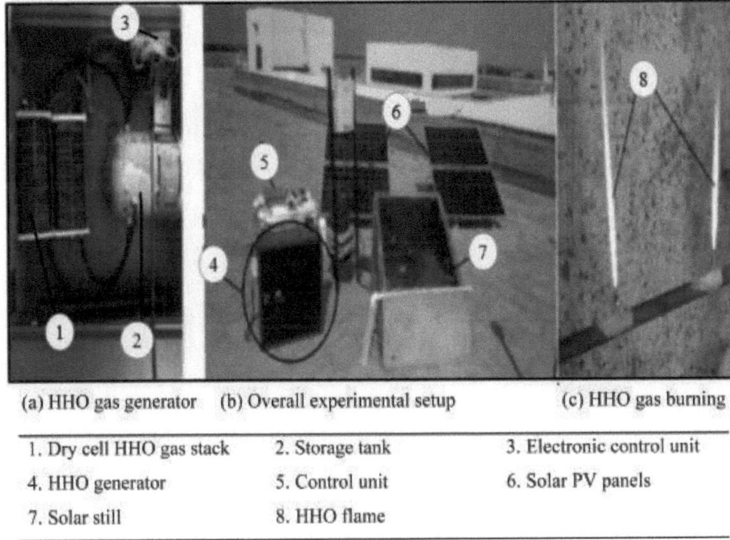

Fig. 16. Alambique solar integrado com painéis fotovoltaicos e gerador de gás HHO

A taxa de HHO produzida nos geradores foi de 11 LPM. O HHO foi queimado na bacia do destilador solar para aquecer a água. Ao queimar HHO na bacia, a temperatura da água aumentou para mais de 85 °C. Para aumentar a produção de destilado, foi utilizado hidróxido de sódio (NaOH) como material eletrolítico com uma concentração de 5 g/L. Foi também utilizado um circuito de controlo na unidade para recuperar alguma energia eléctrica, bem como para controlar o funcionamento do gerador de gás oxi-hidrogénio. Os parâmetros de desempenho do sistema híbrido foram avaliados para duas profundidades diferentes de água salgada na bacia (10 mm e 20 mm). Para a investigação, a temperatura ambiente média, a velocidade média do vento e a radiação solar média consideradas foram, respetivamente, 30 °C, 3 m/s e 800 W/m^2 . Foi efectuada uma avaliação do desempenho da unidade de destilação solar nos modos monomodo e híbrido. Foi avaliada a taxa de produção de água destilada em ambos os modos. Parâmetros como a velocidade do vento (através de um anemómetro de palhetas), a temperatura exterior do vidro, a potência solar (através do medidor de potência solar TM-207), a temperatura atmosférica, a temperatura do reservatório de água, a temperatura interior do vidro e a produção de novo $H_2 O$ foram continuamente observados durante o tempo de funcionamento.

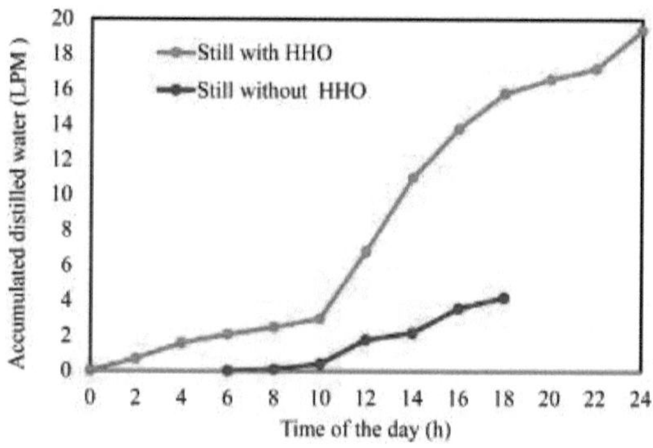

 A água destilada acumulada do alambique solar com HHO e sem HHO a 10 mm de profundidade.

A produção máxima de água destilada foi de 19,1 L/m^2 /dia a uma profundidade de 10 mm no reservatório de água, o que é superior à do sistema convencional, cuja produção máxima de água destilada foi de 3,9 L/m^2 /dia . No entanto, devido ao maior consumo de energia, a eficiência da unidade híbrida de destilação solar foi de apenas 25%, inferior à do destilador convencional, que foi de 29%.

Combustível híbrido para cozinhar em casa a GPL com gás HHO propuseram que o HHO pode ser utilizado como combustível substituto do GPL, que é utilizado para cozinhar em aldeias e locais remotos. As fotografias tiradas pelos investigadores são mostradas na Fig. 18. Para a sua proposta, foi efectuado um estudo de desempenho num fogão a GPL que era utilizado para cozinhar. O fogão a GPL foi utilizado com misturas de GPL e GPL + HHO. Foi referido que a utilização de HHO como combustível de substituição poderia reduzir o consumo de GPL em 40%.

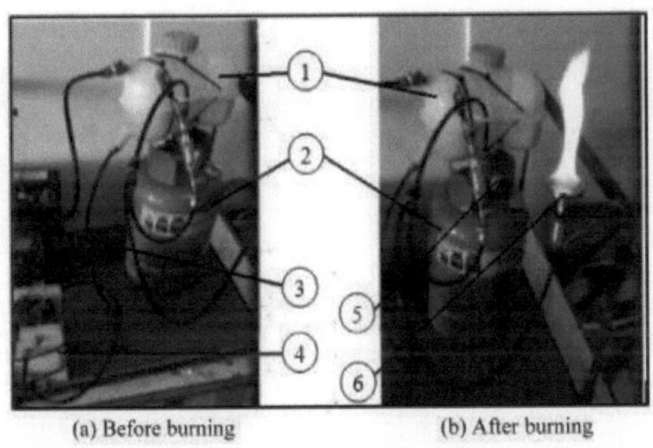

1. Electrolyte tank (HHO gas bubbler)	2. LPG cylinder
3. Battery	4. Dry cell HHO gas generator
5. LPG control valve	6. Burner

Fig. 18. Fotografia de gás HHO com GPL como combustível para cozinhar em casa.

Utilização de gás HHO em aplicações de corte e soldadura

O corte e a soldadura a gás são utilizados em várias aplicações. A soldadura a gás utiliza o acetileno como principal fonte de chama. A mistura de acetileno e ar é inflamada e queimada com a ajuda de um maçarico para formar uma chama de aquecimento. Com base na mistura ar-combustível fornecida, as características da chama alteram-se. Considerando alguns deméritos do acetileno como combustível, alguns investigadores investigaram a utilização do gás HHO como alternativa ao gás acetileno. mostra as fotografias de uma tocha para utilizar o gás HHO em aplicações de soldadura e corte. Os prós e contras do acetileno e do HHO como fonte de aquecimento para a soldadura a gás foram analisados e relatados em . Observou-se que, quando a temperatura da chama atingiu os 2800 °C, a chama era rectilínea, bem focada na zona soldada, com maior velocidade de combustão e perdas mínimas de calor . Quando o HHO foi utilizado em aplicações de corte e soldadura a gás, ofereceu os seguintes méritos: (a) menor deflexão do metal, (b) sem alteração da cor, e (c) os pontos de corte e de soldadura são suaves com elevada precisão. Também nesta investigação, o NaOH foi utilizado numa concentração de 10 g/L. A temperatura da chama do gás HHO dependia do material de origem ou de base. A corrente e a tensão fornecidas ao gerador de HHO foram de 6,6 A e 220 V, respetivamente. A quantidade de HHO necessária para a investigação foi de 8,3 LPM.

Fig. 19. Fotografia de aplicações de soldadura e corte com gás HHO .

Desafios O documento de estudo sobre a criação de gás oxi-hidrogénio (HHO) a partir do método de eletrólise da água e a sua utilização em aplicações de produção de calor e energia foi revisto, e algumas das questões encontradas foram as seguintes

O sistema de motor de um automóvel deve ser significativamente modificado para acomodar uma unidade geradora de gás HHO, uma vez que a unidade geradora necessita de mais espaço para o seu eletrolisador, bateria, unidade de controlo e outros componentes.

O processo de geração de gás HHO tem uma eficiência de 40 a 70%. Para aumentar esta eficiência, são necessárias estratégias que aumentem os parâmetros operacionais, tais como a densidade da corrente, a condutividade da solução electrolítica, o condicionamento dos eléctrodos, a pressão de funcionamento, a temperatura, etc.

É necessário descobrir novas técnicas para proteger o material de grau SS316L contra a corrosão e reduzir os custos de manutenção.

Para uma melhor utilização do HHO em veículos de bordo, é necessário desenvolver equipamento de segurança, recipientes de armazenamento resistentes e sensores de deteção de fugas.

Conclusão

Os resultados de uma análise exaustiva sobre a produção de gás HHO e a sua utilização em aplicações de calor e eletricidade são os seguintes;

O HHO pode ser utilizado como combustível de substituição em motores de ignição comandada, quer isoladamente quer em misturas com gasolina ou outros combustíveis semelhantes à gasolina. Quando o HHO foi utilizado em motores de ignição comandada, a eficiência térmica aumentou juntamente com a diminuição do consumo de combustível. Nos motores SI que funcionam com HHO, as emissões de escape tais como CO, HC e CO2 são reduzidas durante o funcionamento do motor.

O HHO pode ser utilizado como combustível secundário em motores de ignição por compressão na forma gasosa. A eficiência térmica do motor de ignição por compressão aumentou enquanto o consumo de combustível diminuiu quando o HHO foi utilizado para o fazer funcionar em modo de combustível duplo. Por outro lado, as emissões de NOx aumentaram durante todo o funcionamento do motor, enquanto as emissões de CO, HC e fumos diminuíram.

Numa caldeira a óleo de uma central eléctrica a vapor, a utilização de HHO e de óleo diesel leve (LDO) resulta num grande aumento da taxa de produção de vapor e numa diminuição significativa do consumo de combustível. Embora não tenha havido impacto na diminuição do consumo de combustível no caso do HHO com óleo pesado (HO), a produção de vapor aumentou significativamente.

- Foram produzidas emissões mais baixas de CO, CO2, HC, NOx e SOx quando a caldeira a óleo funcionou com HHO com LDO e HHO com HO. Em particular, quando a caldeira funcionou com HHO + LDO e HHO + HO, respetivamente, a emissão de CO diminuiu para um máximo de cerca de 81% e 75%.

A produtividade do alambique solar foi aumentada pela dessalinização solar híbrida da água, que utilizou um alambique solar com um gerador de HHO como fonte de calor de reserva. Embora a eficiência do sistema híbrido fosse de apenas 20%, descobriu-se que produzia 4,8 vezes mais água destilada do que o sistema de destilação solar.

Em comparação com a utilização exclusiva de GPL tradicional para cozinhar, a mistura híbrida de GPL e gás HHO utilizada para cozinhar reduziu a quantidade de gás GPL em 40%.

Devido à sua elevada temperatura (cerca de 2800 °C), velocidade de chama rápida, chama direta e zona soldada de chama concentrada com pouca transferência de calor, o gás oxigénio-hidrogénio pode ser utilizado tanto para aplicações de soldadura como de corte.

Introdução

O consumo contínuo de combustíveis fósseis, como o gás natural, o carvão e o petróleo, levou ao esgotamento das suas reservas. Uma vez que cerca de 80 % das necessidades energéticas humanas são satisfeitas através da queima de combustíveis fósseis, os seus recursos finitos foram significativamente esgotados. As previsões sugerem que as reservas de carvão e gás natural durarão até 2060. Por conseguinte, os governos de todo o mundo estão a procurar ativamente alternativas às economias dependentes dos combustíveis fósseis. Entre os 17 Objectivos de Desenvolvimento Sustentável (ODS) das Nações Unidas, o ODS 7 - "Energia Acessível e Limpa" visa proporcionar a todos o acesso a energia acessível, fiável, sustentável e moderna (Yang et al. 2023). Isto implica a promoção de fontes de energia renováveis no cabaz energético global, o aumento da eficiência energética e o alargamento da disponibilidade de eletricidade nas zonas em desenvolvimento. O objetivo também sublinha a importância da colaboração internacional na promoção de soluções energéticas sustentáveis e de avanços tecnológicos e de investigação no sector da energia. Os investigadores incentivaram a comunidade mundial a procurar alternativas aos combustíveis fósseis para purificar a atmosfera e atenuar as consequências nocivas da sua utilização excessiva. Isto está de acordo com os objectivos do Pacto Climático de Glasgow (COP26)(El-Shafie e Kambara 2023).

Como solução para este desafio ambiental, o hidrogénio, conhecido pelas suas propriedades ecológicas, foi identificado como uma fonte de energia renovável viável (Boul, 2022; Hossain et al., 2023; Painel Intergovernamental sobre as Alterações Climáticas, 2015). Ao adotar gradualmente esta energia alternativa, podemos diminuir a nossa dependência dos combustíveis fósseis e reduzir a sua utilização ao longo do tempo. O hidrogénio destaca-se como uma fonte de energia amiga do ambiente e é considerado uma solução potencial para abordar a questão premente das alterações climáticas na Terra (Eh et al., 2022; Mohideen et al., 2021; Oliveira et al., 2021). A crescente procura de respostas eficazes aos actuais desafios energéticos é largamente alimentada pelas emissões de carbono provenientes dos combustíveis fósseis (Atilhan et al., 2021). Para ultrapassar este obstáculo, uma abordagem estratégica envolve o desenvolvimento de métodos para produzir gás hidrogénio através de processos eléctricos e químicos, permitindo a utilização generalizada da energia do hidrogénio em todo o mundo (Ball & Wietschel, 2009; Ghorbani et al., 2023; X. Li et al., 2023). Encontram-se quantidades muito reduzidas de hidrogénio (0,07%) na atmosfera e este é escasso (0,14%) na superfície da Terra(Panchenko et al. 2023; Velazquez Abad e Dodds 2020). Embora altamente invulgar, o hidrogénio foi ocasionalmente descoberto em quantidades mais significativas em alguns poços contendo azoto (Yusaf et al. 2023; Dong et al. 2022; Mittal e Kushwaha 2024; Mittal et al. 2024). Partes da crosta terrestre podem conter quantidades vestigiais de hidrogénio em misturas com gás natural (Basheer e Ali 2019; Yue et al. 2021; Proost 2019). A procura global de abastecimento de hidrogénio de 1975 a 2020 foi apresentada na **Figura 1** (a procura de hidrogénio foi calculada em toneladas métricas).

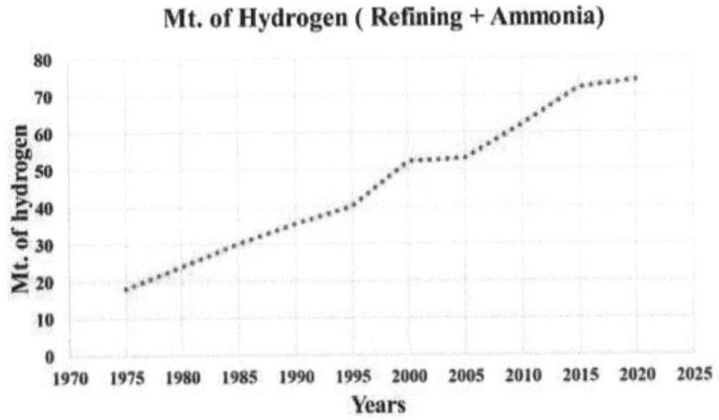

Figura 1: Procura global de hidrogénio (1975-2020).

Os investigadores já estudaram anteriormente a possibilidade de fundir fontes de energia limpas e renováveis, como a energia solar e o hidrogénio, que actuam como vectores de energia utilizando recursos quase ilimitados como a água. O hidrogénio é um recurso químico amplamente utilizado em várias indústrias, tendo sido desenvolvidas diversas tecnologias para o produzir como um vetor energético ecológico.

O método ideal para gerar hidrogénio sustentável envolve a utilização de fontes de energia renováveis, tendo em conta a significativa procura global de energia que tem um impacto negativo no ambiente através dos combustíveis fósseis.

O hidrogénio ultrapassa os combustíveis fósseis convencionais, como a gasolina e o gasóleo, em termos de eficiência de combustão. Enquanto 1 kg de gasóleo pode produzir calor entre 42,5 e 44,8 kJ/kg quando queimado a 25 °C e 1 atm, e 1 kg de gasolina pode gerar calor entre 44,5 e 47,5 kJ/kg nas mesmas condições (Yusaf et al., 2022), o hidrogénio, por outro lado, apresenta uma eficiência muito superior. Quando queimado a 25 °C e 1 atm, 1 kg de hidrogénio pode produzir calor entre 119,93 kJ/kg e 141,86 kJ/kg, aproximadamente três vezes mais calor do que a gasolina e o gasóleo (Y. Li & Taghizadeh-Hesary, 2022; Q. Yang et al., 2022).

A técnica mais comum para a produção de hidrogénio gasoso a partir de água em recipientes envolve células de eletrólise, que utilizam eletricidade (Y. Li & Taghizadeh-Hesary, 2022; Q. Yang et al., 2022). É necessária uma quantidade significativa de energia para quebrar as moléculas de água no processo de eletrólise. Consequentemente, é necessário um eletrólito para quebrar as moléculas de água. A corrente eléctrica é utilizada na arquitetura dos reactores geradores de células secas para espalhar os gases hidrogénio e oxigénio entre as moléculas de água.

Aspectos económicos do hidrogénio

A economia do hidrogénio (EH) tornou-se um substituto viável para o sistema insustentável baseado nos combustíveis fósseis. Os investigadores e cientistas estão a trabalhar ativamente em tecnologias de produção de hidrogénio amigas do ambiente e rentáveis, que são cruciais para a implementação bem sucedida da economia do hidrogénio (Gondal, Masood, e Khan 2018; Oliveira, Beswick, e Yan 2021). A análise do revestimento de várias técnicas de produção de hidrogénio, incluindo SMR, carvão, energia nuclear, biomassa, geotérmica, eólica, fotovoltaica, solar e eletrólise distribuída, etc., foi representada na **Figura 2.**

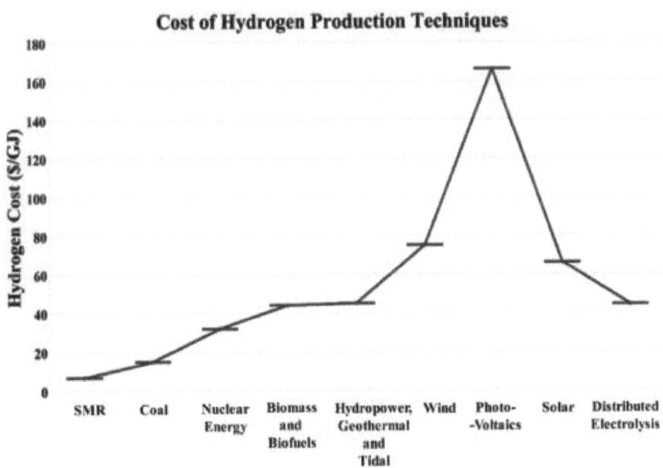

Figura 2: Custo das técnicas de produção de hidrogénio com base em diferentes **tecnologias**

O hidrogénio, considerado o futuro da energia, tornou-se um mercado importante para os sectores financeiro e comercial devido ao seu potencial para substituir as fontes de energia convencionais, como os combustíveis fósseis. As principais empresas de energia produzem hidrogénio azul, o que implica a utilização dos activos de combustíveis fósseis existentes durante um período de transição para um futuro energético sustentável. Por outro lado, os ambientalistas dão prioridade à produção de hidrogénio verde (GHP), uma vez que esta oferece custos de produção mais baixos e responde às preocupações relacionadas com as alterações climáticas, conforme ilustrado na **Figura** 3 (Clark e Rifkin 2006; Sherif, Barbir, e Veziroglu 2005).

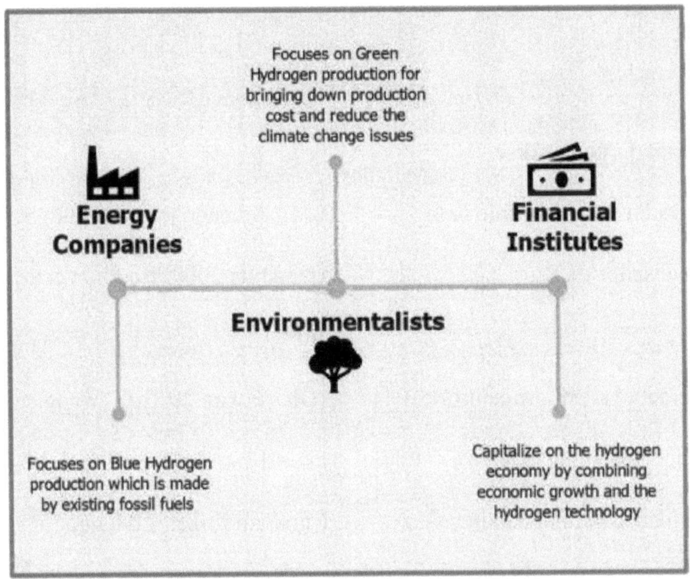

Figura 3: Normas actuais da economia do hidrogénio (Clark e Rifkin 2006).

Tipos de geradores de hidrogénio

Os geradores de hidrogénio podem ser classificados em diferentes tipos, com base em considerações de sustentabilidade: eletrólise por membranas de permuta de protões (PEM), fontes de energia, catálise e fontes de metais, conforme ilustrado no **Quadro 1**.

Quadro 1: Tipos de geradores de hidrogénio com base em catalisadores, eletrólise, fontes de energia e metais.

Tipos de geradores de hidrogénio	Referências
Baseado na catálise	
Gerador de hidrogénio com catalisador de Ru	(S. C. Amendola et al. 2000; S. Amendola 2000; Boddien et al. 2009)
Geradores de hidrogénio NaBH4 utilizando catalisadores Co-P/Ni	(Oh e Kwon 2013; Y. Wang et al. 2017)
Oxidação parcial catalítica do metano	(Christian Enger, Lødeng, e Holmen 2008; De Groote e Froment 1996)
Catalisadores Co-B no gerador portátil de hidrogénio (PHG) à base de NaBH4	(Simagina et al. 2021; Jeong et al. 2005; Lee et al. 2007; Patel, Fernandes, e Miotello 2010)
Catálise de ligas de magnésio com fio de platina em solução de NaCl	(Cho, Wang, e Uan 2005; UAN, CHO, e LIU 2007)
Geração de hidrogénio a partir de ácido fórmico utilizando catalisadores Pd/C3N4	(Oh 2016)
Gerador de hidrogénio com catalisador de boreto de níquel	(Hua 2003; Wu et al. 2014)

Baseado na eletrólise	
Eletrólise por membrana de permuta aniónica (AEM)	(Hickner, Herring, e Coughlin 2013; Merle, Wessling, e Nijmeijer 2011; Varcoe et al. 2014; Bauer, Strathmann, e Effenberger 1990)
Montagem do elétrodo de membrana	(Su, Linkov, e Bladergroen 2013; Jia et al. 2012; Vincent, Kruger, e Bessarabov 2017)
PEM com ânodo de óxido de índio	(Adegoke et al. 2020)
Eletrólise de água PEM	(Naimi e Antar 2018; Chi e Yu 2018; Stojić et al. 2003)
Metais (alumínio, etc.) Eletrólise da água	(Kim et al. 2022)
Com base nas fontes de energia	
Geradores solares de hidrogénio	(Rodriguez et al. 2014; Mazumder et al. 2013)
Moinho de vento Geração de energia a hidrogénio	(Joselin Herbert et al. 2007; Hansen 2012; Fingersh 2003)
Metanização de combustíveis fósseis	(Stangeland et al. 2017; Tan et al. 2022)

Geração de Hidrogénio por Micro-Flora	(HAWKES 2002; Doi et al. 2009)
Geração foto-eletroquímica de hidrogénio	(Bak et al. 2002; Modestino e Haussener 2015)
Baseado em metais	
Gerador de hidrogénio em alumínio	(Kumar e Muthukumar 2020; Tian et al. 2023; Neal e Christophersen 1989; Ambat e Dwarakadasa 1996; Dražić e Popić 1993)
Gerador de hidrogénio de magnésio	(J. Liu et al. 2018; Kushch et al. 2011)
Geração de hidrogénio descartável à base de cloreto de zinco	(Brewer e Allgeier 1965; M. C. Wang et al. 2017)
Produção de hidrogénio a partir de resíduos electrónicos	(Rai, Bhui, e V 2022)
Produção de hidrogénio a partir de hidreto de lítio	(Strawser, Thangavelautham, e Dubowsky 2014; KONG et al. 2003)
Cátodos de ZnTe e CdTe	(Ohashi, Uosaki, e Bockris 1977)

Geração de hidrogénio a partir de nanoarranjos de CdP	(Tang et al. 2017)
Transferência de electrões fotoinduzida através de complexos de terpiridil acetilida de platina	(Du et al. 2007)

Lacunas e novidades desta investigação

Com o rápido desenvolvimento dos geradores de hidrogénio, como se pode ver no **quadro 1,** ainda não dispomos de geradores significativos a nível industrial para comercializar rapidamente o hidrogénio. Há também uma necessidade urgente de não só gerar hidrogénio, mas também de o tornar sustentável. Tal como referido na **secção 1.1,** os ambientalistas e os institutos de energia devem trabalhar em conjunto para comercializar o hidrogénio verde. Para analisar a atual posição da investigação sobre os geradores de hidrogénio, a melhor maneira de o fazer é observar a investigação e as publicações feitas no seguinte domínio: o número de publicações feitas sobre geradores de hidrogénio, como mostra a **figura 4,** revela o rápido aumento da investigação sobre geradores de hidrogénio e combustível hidrogénio. Se o progresso puder aumentar mais do que o atual crescimento anual e a análise se basear mais explicitamente em geradores promissores, como os geradores de hidrogénio de alumínio, o combustível de hidrogénio pode aumentar rapidamente nos próximos anos.

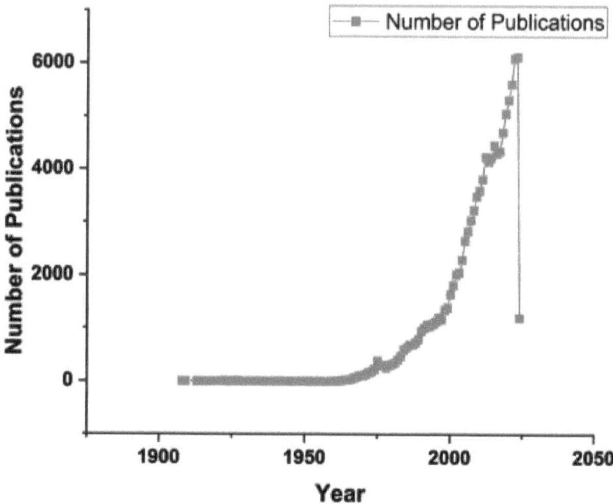

Figura 4: Número de publicações observadas sobre Geradores de Hidrogénio desde o ano de 1908 até 19th fevereiro de 2024 , 19:14 IST (Fonte: PubMed)

Quando se analisou o número de publicações de investigação sobre geradores de hidrogénio de alumínio, como se mostra na **Figura 5**, observou-se que houve um total de apenas 499 publicações desde 1918, o que mostra que houve muito menos investigação sobre este gerador de hidrogénio específico. Apenas 0,66% das publicações sobre geradores de hidrogénio dizem respeito a geradores de hidrogénio de alumínio. Isto dá apenas duas perspectivas: i) Não há novidades significativas, criticidade e conhecimentos neste domínio de investigação. ii) As novidades devem ser investigadas cuidadosamente, ou os investigadores centraram-se principalmente nos electrolisadores PEM e não em outros métodos de produção de hidrogénio.

Por outro lado, o gerador de hidrogénio de alumínio parece ser o mais promissor, uma vez que proporciona uma maior eficiência na produção de hidrogénio em modelos muito económicos. Este estudo abordou a produção e o armazenamento de hidrogénio com base num modelo de hidrogénio sanduíche concebido com uma placa de alumínio-cobre, a desidrogenação de LiAlH$_4$ e a produção de hidrogénio de alumínio-água (AWH). Tendo em conta todas as vantagens e desvantagens que estes sistemas oferecem, são discutidas posteriormente uma análise exaustiva e uma proposta de um sistema integrado de hidrogénio denominado GHAl com base no alumínio, dando uma ideia aproximada de como deve ocorrer a experimentação prática do hidrogénio verde.

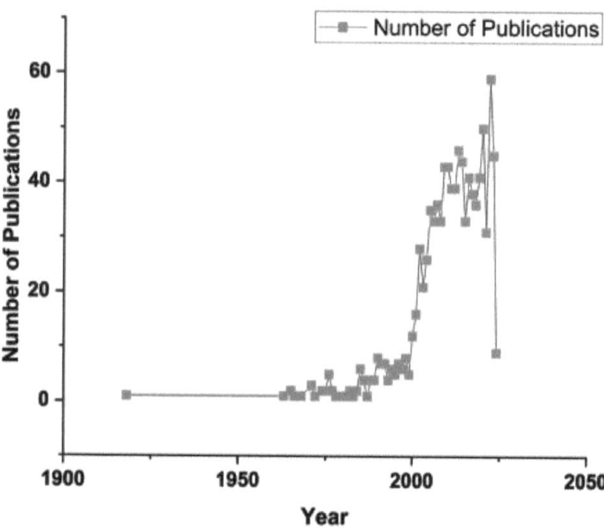

Figura 5: Número de publicações sobre Geradores de Hidrogénio de Alumínio desde o ano de 1918 até 19th fevereiro, 2024, 19:14 IST (Fonte: PubMed)

Modelo de geração de hidrogénio em sanduíche com placa de alumínio-cobre

Um gerador de hidrogénio baseado numa sanduíche concebida com placas de Al-Cu 4/4 apresenta normalmente as seguintes características principais Os eléctrodos são construídos como uma matriz 4/4 composta por cobre e alumínio. As placas devem ter o mesmo tamanho e espessura para manter a corrente entre elas (Di Bella & Palomba, 2022; Muniraj & Sreehari, 2022). Para acelerar e melhorar a eficiência do processo, o hidróxido de potássio é utilizado como catalisador. A água é utilizada no processo de eletrólise para criar hidrogénio. A eletrólise necessita de uma fonte de energia para fornecer a corrente e a tensão. O gás hidrogénio deve ser libertado durante a eletrólise através de uma saída de gás. Durante a eletrólise, a corrente e a tensão são mantidas com a ajuda de um circuito de controlo, que também protege contra a sobrecarga do sistema. Para evitar contratempos, podem ser implementados mecanismos de segurança como a paragem automática em caso de falha do sistema ou de sobreaquecimento (Huang et al. 2022).

Desidrogenação de LiAlH₄ para armazenamento de H ₂

Devido à sua elevada capacidade de hidrogénio e reversibilidade, os hidretos complexos, particularmente o $LiAlH_4$, são a família mais promissora de materiais de armazenamento de hidrogénio (L. Wang et al. 2017; Tena-García, Casillas-Ramírez e Suárez-Alcántara 2021). Para progredir, $LiAlH_4$ deve superar sua alta estabilidade e baixo desempenho cinético (Pan et al. 2022; Rivanka et al. 2022; Das et al. 2022; Sekine e Higo 2021). A adição de catalisadores é a técnica mais eficaz para melhorar o desempenho de armazenamento de hidrogénio dos hidretos complicados. Investigações anteriores demonstraram que os catalisadores Fe e Fe O_{23} têm efeitos positivos nas propriedades de desidrogenação do $LiAlH_4$, mas nada se sabe sobre os seus efeitos catalíticos sinérgicos. Como resultado, as características de decomposição térmica do $LiAlH_4$

com e sem catalisadores são investigadas do ponto de vista da cinética de desidrogenação neste estudo (Smythe e Gordon 2010; Saerens et al. 2017; Lu e Fang 2005).

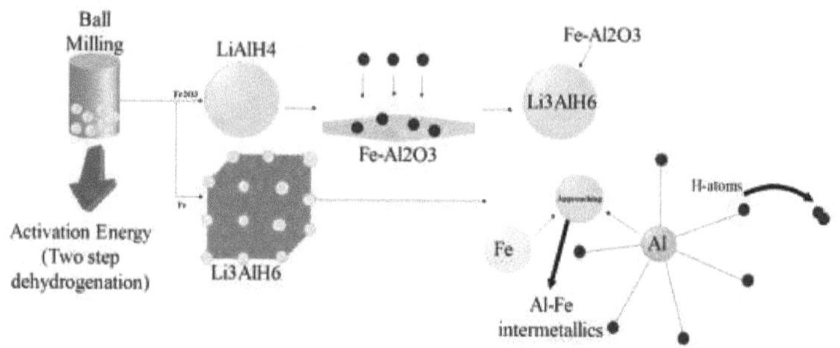

Figura 6: Representação esquemática do mecanismo catalítico do compósito LiAlH -Fe&Fe O_{423} durante o processo de desidrogenação (Xueping & Shenglin, 2009).

Devido ao efeito de histerese da temperatura, as temperaturas de início e de pico da degradação térmica aumentam com o aumento das taxas de aquecimento. Os parâmetros cinéticos da decomposição do hidreto metálico são estimados de forma eficiente utilizando abordagens teóricas e melhoradas não isotérmicas baseadas em dados termogravimétricos. É criado um LiAlH de cinco fases$_4$ através do processo físico-químico de desidrogenação cíclica e rehidrogenação de $Li_3 AlH_6$, LiH e Al (Zheng et al. 2020). O LiAlH$_4$ produzido por esta técnica físico-química demonstrou uma excelente cinética de desidrogenação na gama de 80-100 °C, produzindo cerca de quatro hidrogénios em peso (Ismail et al. 2011; Z. Li et al. 2012; Lu e Fang 2005). O tetra-hidrofurano (THF) foi utilizado para reidratar completamente o LiAlH4 deteriorado através do processo físico-químico (Cheng et al. 2020; S.-S. Liu et al. 2013; Y. Zhang et al. 2008a; S.-S. Liu et al. 2009; Y. Zhang et al. 2008b). A mudança de entalpia associada à formação de um aduto LiAlH$_4$ THF em THF auxiliou na rehidrogenação dos produtos de desidrogenação Li3AlH6, LiH e Al (Cao et al. 2018; Ali et al. 2022; Zhai et al. 2012; J. Wang, Ebner e Ritter 2006; C. Zhang et al. 2023). A cinética da rehidrogenação também foi substancialmente melhorada com a utilização de Ti como catalisador e a aplicação de tratamento mecanoquímico, com os produtos de decomposição a converterem-se facilmente em LiAlH4 à temperatura ambiente e a gamas de pressão que variam entre 4,5 e 97,5 bar, como mostra a **Figura 6**.

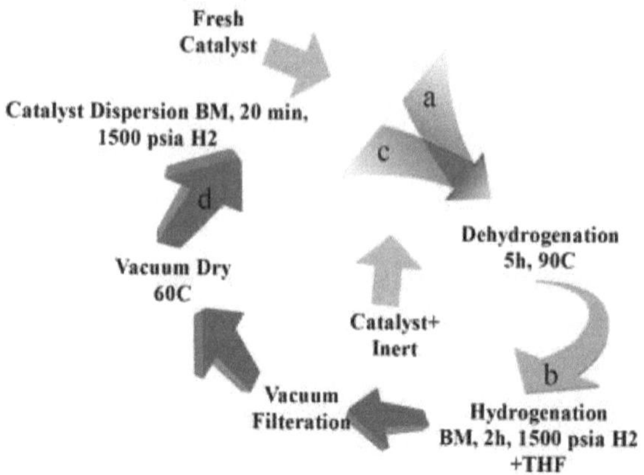

Figura 7: Representação esquemática da via físico-química em cinco etapas para a desidrogenação cíclica e a re-hidrogenação do LiAlH₄ (Cai et al. 2016)

As fases do ciclo são a dispersão do catalisador, a desidrogenação, a rehidrogenação, a filtragem sob vácuo, a secagem sob vácuo e a redispersão do catalisador, como mostra a **Figura 7**. Esta última fase é o primeiro passo do segundo ciclo, e assim por diante (L. Li et al. 2013; Andreasen, Vegge, e Pedersen 2005). É de salientar que pode ser utilizado o catalisador recuperado como um resíduo insolúvel do processo de filtragem ou um novo catalisador. O THF também é rapidamente recuperado e reutilizado (Chen et al. 2001; Ismail et al. 2021; Che Mazlan et al. 2023). Neste ciclo, o LiAlH4, um potencial material de armazenamento de hidrogénio, realiza a desidrogenação e a rehidrogenação cíclicas, formando um ciclo fechado que requer apenas uma entrada de energia com conversões excecionalmente elevadas (Meethom et al. 2020; Sazelee e Ismail 2021; Y. Li et al. 2020).

Produção de hidrogénio de alumínio a partir de água

Os vários métodos de produção de hidrogénio alumínio-água incluem os seguintes. No entanto, não estão limitados: (i) à adição de promotores de hidróxidos, (ii) à utilização de promotores de óxidos e sais, isoladamente ou em combinação, (iii) ao pré-tratamento do alumínio através de vários métodos (incluindo a moagem de bolas) e (iv) à utilização destes promotores.

Substâncias promotoras de hidróxidos

Como um meio convencional de diminuir o desenvolvimento da camada de óxido, um promotor de hidróxido pode ser adicionado ao processo. Os promotores de hidróxidos NaOH e KOH são frequentemente utilizados. Quando o NaOH é adicionado à água, separa-se em iões OH^- e Na^+ (Mutlu, Kucukkara, e Gizir 2020; Kjartansdóttir, Nielsen, e Møller 2013; Polyakov et al. 2016). A reatividade dos iões destrói rapidamente a camada de óxido de alumínio na superfície exterior da partícula de alumínio assim que o Al é introduzido na solução aquosa. Os iões dissociados permitem que o processo continue indefinidamente, culminando na geração de H_2 . Devido à natureza altamente exotérmica da reação química, alguma água dentro do recipiente de reação pode vaporizar. A representação visual em anexo, **Figura 8**, resume esta técnica (Parmuzina e Kravchenko 2008).

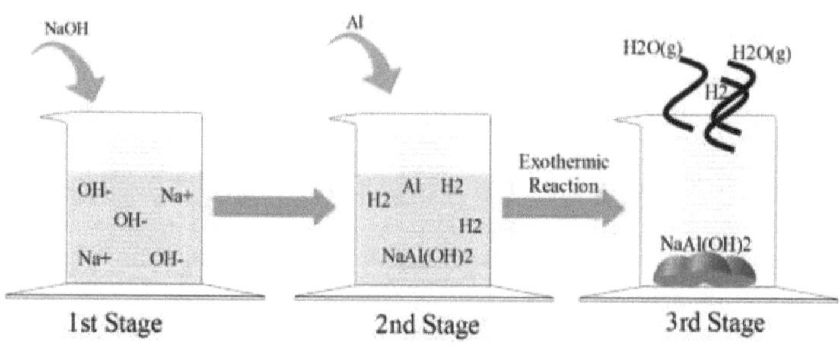

Figura 8: Várias fases da reação química alumínio-água, com a adição de hidróxido de sódio (Parmuzina e Kravchenko 2008).

A Figura 9 mostra vários métodos de reação para produzir hidrogénio a partir de substâncias promotoras de hidróxido que podem ser utilizadas (Q. Zhang 2015; Huglen e Kvande 2016).

$$2Al + 3H2O \rightarrow Al2O3 + 3H2 \dots\dots\dots(1)$$

$$2Al + 4H2O \rightarrow 2AlO(OH)2 + 3H2 \dots\dots\dots(2)$$

$$2Al + 6H2O \rightarrow 2Al(OH)3 + 3H2 \dots\dots\dots(3)$$

As reacções (1), (2) e (3), como se pode ver nas **Figuras 9a, 9b e 9c**, mostram como o alumínio pode ser utilizado tanto em electrolisadores como no armazenamento de hidrogénio (Kumar e Muthukumar 2020; Ambat e Dwarakadasa 1996; Jung et al. 2008a). Os outros produtos à base de alumínio, como o AlO(OH)2 e o Al2O3, têm aplicações distintas que podem ser utilizadas na formação de eléctrodos, na formação de ligas, em aplicações de revestimento, etc.

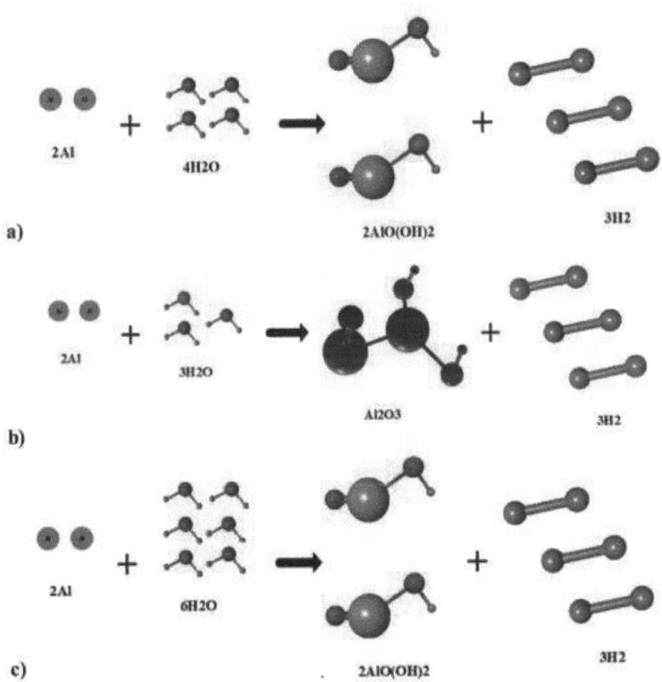

Figura 9: Reacções químicas alumínio-água para a produção de hidrogénio. (Combine as figuras a b c no ms-powerpoint e depois utilize a imagem)

Para inibir a formação da camada de óxido, o NaOH pode ser introduzido no processo de reação através das seguintes reacções

$$2Al + 2NaOH + 6H_2O \longrightarrow 2NaAl(OH)_4 + 3H_2 \quad\text{.............................(4)}$$

$$2Al + 2NaOH + 2H_2O \longrightarrow Na_2Al_2O_4 \quad + \quad 3H_2$$
$$\text{..............................(5)}$$

$$2Al + 6NaOH + xH_2O \longrightarrow Na_6Al_2O_6 \quad + \quad xH_2O \quad + \quad 3H_2$$
$$\text{.......................(6)}$$

É de notar que as reacções químicas nas equações 4 e 5 utilizam a menor quantidade de NaOH. Consequentemente, estas reacções podem ser consideradas mais vantajosas no que diz respeito à obtenção de materiais e à minimização da quantidade de energia necessária para que a reação ocorra, numa perspetiva de investigação e sustentabilidade. Também deve ser notado que a solução aquosa formada pela combinação de NaOH com água é altamente corrosiva. A seleção de um recipiente de reação pode ser vista como um grande inconveniente. Alguns metais não podem ser utilizados para criar os recipientes de reação devido à natureza corrosiva da solução (Zhuk et al. 2023a).

Pré-tratamento do alumínio

As técnicas de pré-tratamento do alumínio destinadas a criar hidrogénio são frequentemente utilizadas em conjunto com outros tratamentos. A utilização de pó de alumínio, por exemplo, para aumentar a área de superfície das partículas de alumínio expostas à água durante as reacções é um método particularmente vantajoso. Para pré-tratar ou ativar eficazmente o alumínio, este pode ser triturado com bolas enquanto imerso em água e utilizado num processo rápido de aquecimento e arrefecimento. Este tipo de tratamento do alumínio utilizou 5 g de partículas de alumínio para criar hidrogénio durante 50 horas. A experiência mostrou que a criação de hidrogénio com ativação de alumínio era significativamente mais eficiente do que a síntese de hidrogénio sem (Dudoladov et al. 2016). Embora o pré-tratamento com alumínio possa aumentar consideravelmente a quantidade de hidrogénio produzido durante o processo, pode ser considerado como um processo intensivo em termos de energia devido à probabilidade de moagem de bolas, aquecimento rápido e arrefecimento rápido (Bond, Robertson e Birnbaum 1988; Milani et al. 2020). Incluir também aplicações industriais.

Comparação da análise de custos

Uma vez que o alumínio e a água são os dois principais componentes do processo, os seus preços têm um impacto substancial no custo da criação de hidrogénio através da reação química alumínio-água. Atualmente, o alumínio é frequentemente reconhecido como o metal mais barato do planeta. O preço do alumínio é atualmente de $0,80/lb, significativamente mais barato do que o de metais como o cobre ($3,07/lb) e o níquel ($6,88/lb). Como o alumínio é tão acessível, a técnica pode ser concluída rapidamente e de forma económica. Além disso, a disponibilidade e o custo da água podem variar consoante a localização. No entanto, a maioria dos países prósperos tem acesso fácil à água.

Embora o alumínio seja muito acessível, podem ser necessários produtos químicos, como catalisadores e promotores, para acelerar o processo. O custo total deve ser indicado se forem utilizados catalisadores ou promotores, tais como NaOH ou KOH, na reação. Atualmente, o KOH custa 16,95 dólares por 500 g, enquanto o NaOH custa 13,95 dólares por 500 g, com uma pureza mínima de 96%. Consequentemente, o NaOH é a escolha económica preferível porque é menos dispendioso com um grau de pureza mais elevado, e o NaOH e o KOH podem atingir resultados equivalentes de produção de hidrogénio. O custo do alumínio ativado ou tratado pelo processo de moagem de bolas também pode ser considerado. Outra opção é adquirir um moinho de bolas ou outra máquina de moagem. No método de produção de hidrogénio alumínio-água que utiliza o processo eletrolítico Hall-Heroult com uma eficiência de 24%, o preço de muitos métodos de produção de hidrogénio é comparado (Dai et al. 2011).

O Departamento de Energia dos EUA (USDOE) procura reduzir o custo

do hidrogénio gerado pela tecnologia de 21,00 dólares por kg para entre 2

e 3,00 dólares por kg, como mostra a **Figura 10.**

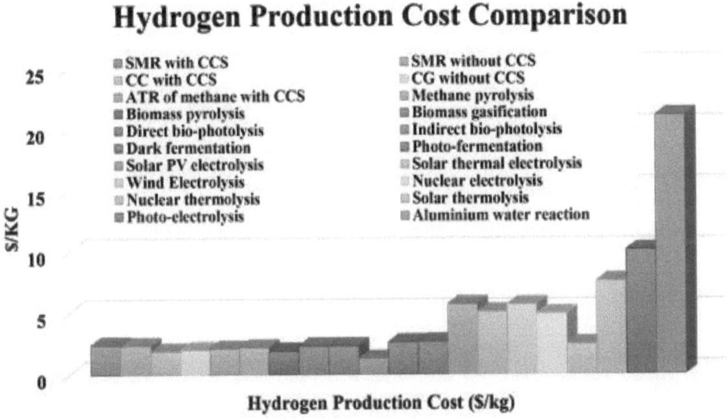

Figura 10: Comparação dos custos de produção de hidrogénio; Em

comparação com as outras abordagens enumeradas, os investigadores

estão agora a investigar a melhor forma de produzir hidrogénio utilizando

a interação química alumínio-água para dividir a água (Clark e Rifkin

2006). Esta comparação mostra como as tecnologias mais avançadas de

produção de hidrogénio podem ser significativamente menos

dispendiosas.

Impacto ambiental e escalabilidade

O alumínio representa 8,1 % da crosta terrestre, o que faz dele o terceiro elemento mais prevalente. O alumínio é o metal mais abundante no mundo, ultrapassando o silício e o oxigénio, que representam 46,6% e 27,7% da crosta terrestre, respetivamente. A água é outro recurso facilmente disponível. Atualmente, a água ocupa 71% da superfície da Terra, sendo a água dos oceanos a maior parte (96,5%). Devido ao seu volume, a água do mar ou dos oceanos deve ser utilizada se esta técnica for ampliada ou efectuada em grande escala. Numa série de testes, os investigadores avaliaram a viabilidade de utilizar a água do mar para criar hidrogénio gasoso a partir da interação química entre o alumínio e a água. Os investigadores obtiveram o rendimento mais elevado, com 58,8 %.

Criaram também uma versão artificial da água do oceano utilizando sal marinho solúvel em água, principalmente sulfato e iões de cloro, sódio e magnésio. Além disso, o seu método produziu hidrogénio a uma taxa máxima de 17,98 ml/s. Outro estudo examinou a viabilidade de criar hidrogénio artificialmente utilizando água salgada(Kondo et al. 2023). Como mostra a **Figura 11**, a comparação da água utilizada em várias técnicas de produção de hidrogénio também é viável.

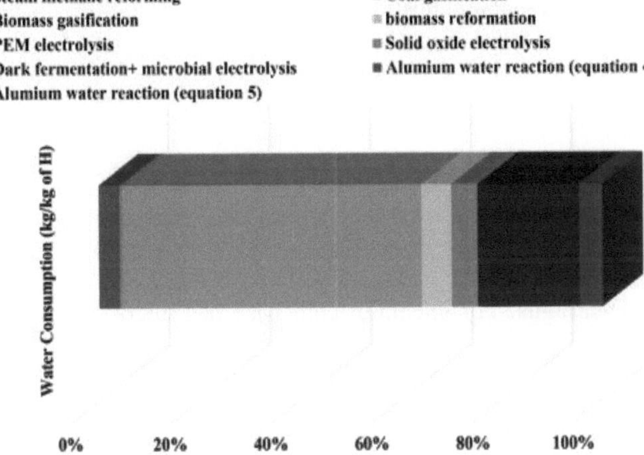

Figura 11: Comparação do consumo de água em vários processos de produção de hidrogénio(Zhuk et al. 2023b)

Note-se que **a Figura 11** mostra a utilização de água desionizada na eletrólise de óxido sólido, na eletrólise por membrana de permuta de protões e na reforma do metano a vapor. As análises da gaseificação do carvão e da reforma da biomassa utilizaram água da torneira, mas as análises da gaseificação da biomassa e da fermentação escura utilizaram água amaciada. A quantidade de água utilizada pelas reacções químicas alumínio-água foi determinada utilizando a água consumida nos processos químicos anteriores, conforme indicado nas equações 4 e 5 (Tian et al. 2023). As necessidades de água dos processos químicos de alumínio-água são substancialmente inferiores às da gaseificação da biomassa. São comparáveis à eletrólise de óxido sólido e à eletrólise por membrana de permuta de protões, como mostra a **Figura 11**.

Várias aplicações para o alumínio e os subprodutos da reação da água

Os resíduos foram investigados devido à reação química do alumínio e da água. Por exemplo, com base nas interacções químicas delineadas entre o alumínio e a água, os outros produtos conhecidos da reação, para além do H_2 , são os seguintes: Podem ser produzidos produtos químicos benéficos utilizando Al O_{23} , $AlO(OH)_2$, e $Al(OH)_3$. Além disso, se o NaOH for utilizado como promotor para acelerar a reação, formar-se-ão produtos químicos adicionais. Se o NaOH for introduzido no processo químico, podem formar-se NaAl(OH)4, Na2Al2O4 e Na6Al2O6. Como produto, são fabricadas várias formas de aluminato de sódio. Se, em vez disso, for utilizado KOH como promotor de reação, pode também formar-se K[Al(OH)] 4(Dražić e Popić 1993; Neal e Christophersen 1989). **A Tabela 2** resume vários subprodutos formados nas reacções (1), (2) e (3).

Tabela 2: Aplicações úteis para os subprodutos das reacções de alumínio com água (Dražić e Popić 1993; Neal e Christophersen 1989).

Subproduto produzido	Aplicações úteis

Óxido de alumínio (Al O)$_{23}$	enchimento de produtos (protetor solar e produtos cosméticos como blush, pó facial, batom e sombra de olhos)
	catalisador
	purificação de gás
	vidro
	abrasivo
	pintura
	fibra composta
	coletes à prova de bala
	proteção contra abrasão
	isolamento elétrico
	dispositivos médicos
Hidróxido de alumínio (Al(OH))$_3$	produtos farmacêuticos
Aluminato de sódio (NaAl(OH)$_4$, Na$_2$ Al O$_{24}$, e Na$_6$ Al O)$_{26}$	indústria do papel
	concreto

tratamento da água
tijolo refratário
Aluminato de potássio concreto **K[Al(OH)]₄**

Embora as interacções entre o alumínio adicional e a água tenham como objetivo principal a produção de hidrogénio limpo, podem ser produzidos outros subprodutos úteis, principalmente se for utilizado um catalisador como o hidróxido de sódio ou o hidróxido de potássio. Os exemplos da **Tabela 2** demonstram inúmeras aplicações potenciais para os subprodutos gerados (Hasvold et al. 1999). O óxido de alumínio, por exemplo, pode ser encontrado como um enchimento em muitos produtos de cuidados da pele e suspeita-se que seja um componente do vidro, abrasivos e até mesmo tinta. Por outro lado, subprodutos como o aluminato de sódio e o aluminato de potássio, que são produzidos quando um catalisador é introduzido, podem ser utilizados como ingrediente no betão.

4.6 Avanços futuros da produção de hidrogénio por reação alumínio-água

Os investigadores devem investigar as interacções químicas subjacentes entre o alumínio e a água para minimizar ou evitar a formação da camada de óxido de alumínio, que retarda o processo, e devem também trabalhar nas exergias verdes do hidrogénio (GHE) do hidrogénio produzido a partir da produção de hidrogénio da reação alumínio-água. Idealmente, a técnica deveria utilizar tanto água salgada como alumínio recuperado. A vantagem da utilização de alumínio reciclado é que evita as fases de extração e aquisição do processo de fabrico do alumínio (du Preez e Bessarabov 2018). Como a água do mar é muito abundante, também requer menos tratamento. O procedimento pode ser melhorado para utilizar menos recursos e despesas. Uma vez aperfeiçoado, o método pode ser comercializado para uma aplicação mais alargada.

Muitas instituições e empresas estão agora a explorar o potencial do hidrogénio como vetor energético para fazer do hidrogénio uma das principais fontes de combustível. O inovador Laboratório de Investigação em Energia Limpa (CERL) em Oshawa, Canadá, irá desenvolver o primeiro ciclo Cu-Cl à escala laboratorial do mundo (Deebika e Saravanakumar 2023; Czech e Troczynski 2010; Guo et al. 2021). O ciclo Cu-Cl ajudará na separação termoquímica da água, testando simultaneamente a possibilidade de produção de hidrogénio nuclear. Os investigadores do laboratório também estão a investigar várias técnicas de produção de hidrogénio, como a fotólise, a eletrólise e até a interação química entre o alumínio e a água, que também pode produzir hidrogénio, como mostra a **Figura 12** (ORMEROD et al. 1987; Jung et al. 2008b; Alinejad e Mahmoodi 2009).

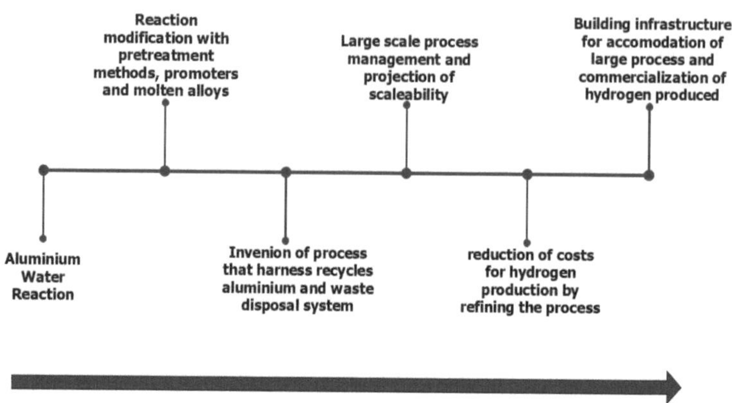

Figura 12: Processo passo a passo para a comercialização da produção de hidrogénio a partir do alumínio.

Apesar do baixo custo e da disponibilidade das matérias-primas utilizadas na produção de hidrogénio a partir do alumínio e da água, a abordagem é considerada dispendiosa em comparação com outras técnicas de produção de hidrogénio mais estabelecidas, como a eletrólise. O USDOE é um dos grupos que trabalham para reduzir o custo da produção de hidrogénio. Além disso, os diferentes resultados da interação química entre o alumínio e a água podem ser utilizados para vários fins. O óxido de alumínio, em particular, pode ser utilizado como catalisador e em vidro, abrasivos, tintas e purificação de gás (H. Z. Wang et al. 2009; Zhuk et al.

2023a). Os processos químicos de alumínio-água para a produção de hidrogénio têm muito potencial devido à sua disponibilidade, acessibilidade e capacidade de produzir hidrogénio com um rendimento elevado. É necessária mais investigação para reduzir o custo total do processo e descobrir o melhor método de fabrico. A **Figura 13 apresenta** um sistema de hidrogénio em água à base de alumínio.

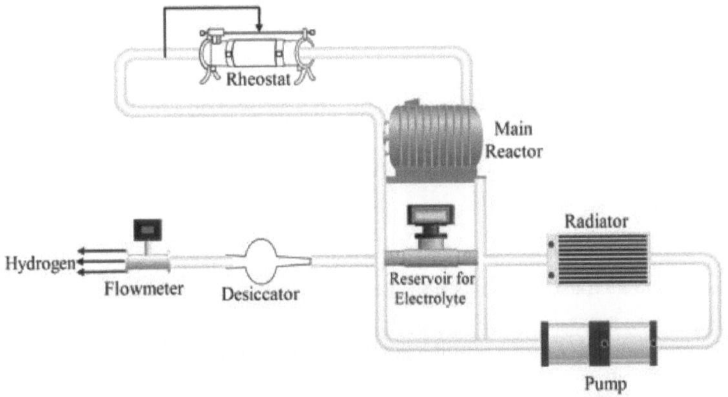

Figura 13: Estrutura do sistema gerador de hidrogénio Alumínio - Água (Zhuk et al., 2023a).

Uma vez que a combinação da energia e da produção de hidrogénio num único sistema é uma noção relativamente nova, a investigação sobre o assunto ainda tem de ser concluída. Por exemplo, a forma como os dois processos de fabrico interagem ainda tem de ser determinada. Atualmente, sabe-se que as bolhas de hidrogénio afectam o desempenho da bateria, aumentando o sobrepotencial óhmico ao diminuir a condutividade da solução electrolítica e alterando o coeficiente de transferência de massa ao aumentar a micro convecção e ao misturar a chave perto do elétrodo. Por outro lado, observou-se que a quantidade de corrente que passa pelo circuito era proporcional à eficiência da síntese de hidrogénio.

Análise comparativa de vários metais para a produção de hidrogénio

A interação metal-água tem sido alvo de grande interesse, uma vez que constitui uma fase crítica na produção química de hidrogénio. Entre todos os metais concebíveis, os metais à base de alumínio são os concorrentes mais promissores para a produção de hidrogénio. As seguintes interacções alumínio-água produzem hidrogénio:

$$2Al + 6H_2O \rightarrow 2Al(OH)_3 + 3H_2 \quad \dots\dots\dots(7)$$

$$2Al + 3H_2O \rightarrow Al_2O_{23} + 3H_2 \quad \dots\dots\dots(8)$$

No entanto, a formação de uma camada espessa de óxido na superfície do alumínio atrasa constantemente estes processos. Entre os esforços para remover ou perturbar a camada protetora estão a dopagem de elementos especiais, os tratamentos mecânicos (como o corte ou a moagem de esferas), a injeção de alcalis ou iões de cloreto e a criação de pares de corrosão.

A capacidade de hidrogénio e a cinética da reação são fundamentais para qualquer sistema de produção e armazenamento de hidrogénio. As terapias de ativação do alumínio que promovem a libertação de hidrogénio resultam sempre numa redução da capacidade de hidrogénio do sistema. Uma vez que as cinéticas publicadas para a interação alumínio-água têm várias unidades, é impossível compará-las. No entanto, a taxa de geração de hidrogénio mais excelente medida até à data é de 3,104 g H_2 /s/g-Al, como se mostra na **Figura 14**.

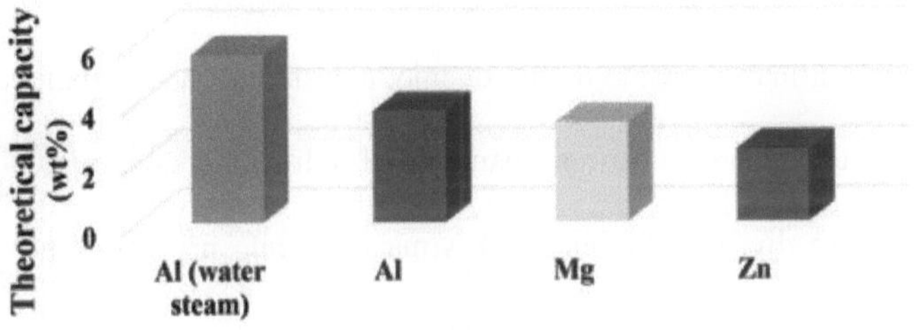

Figura 14: Capacidades gravimétricas de hidrogénio comparativas para sistemas de águas metálicas (Ambat & Dwarakadasa, 1996).

Sistema integrado de hidrogénio de última geração baseado em alumínio

A produção de hidrogénio, o armazenamento de hidrogénio e o combustível de hidrogénio adequado exigem um sistema integrado combinado. Nos últimos anos, foram propostos muitos sistemas integrados, mas estes careciam do fator de sustentabilidade ou tinham de ser mais económicos e eficientes. O sistema integrado apresentado na **Figura 15** é inteiramente novo e, em cálculos teóricos, provou ser sustentável, económico e eficiente.

O hidrogénio gerado neste sistema integrado baseia-se no sistema de geração de hidrogénio Alumínio-Água (AWH) proposto na **Figura 13**. A capacidade gravimétrica do alumínio-água é a mais elevada, o que prova que é a melhor combinação metal-água entre metais como o Al, o Mg e o Zn. Para o armazenamento de hidrogénio, a desidrogenação catalítica do $LiAlH_4$ é utilizada para o armazenamento de hidrogénio, que foi proposto para ter três divisões diferentes: i) Armazenamento primário em balão (BPS), ii) Armazenamento fixo (FS) (5-25 bar) e iii) Armazenamento principal de hidrogénio (MHS) (destacável).

O armazenamento amovível de hidrogénio e a produção direta de hidrogénio funcionam em conjunto com a ajuda de ferramentas de inteligência artificial (IA) e da Internet das Coisas (IoT). São depois ligados a várias aplicações, como veículos, eletricidade, ferramentas de purificação, etc., para um abastecimento adequado de hidrogénio. Este método é ainda teórico e exigiria uma experimentação prática exaustiva.

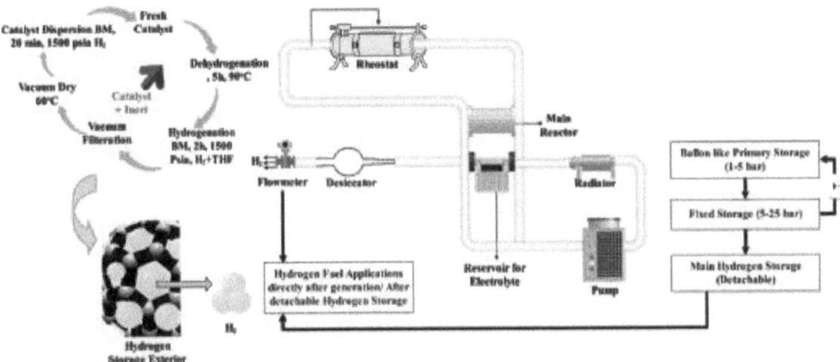

Figura 15: Sistema integrado de hidrogénio baseado no alumínio.

Conclusões

A geração de hidrogénio da água de alumínio, a desidrogenação do LiAlH₄ , bem como o modelo de sanduíche 4/4 Al-Cu, foram alguns dos modelos propostos anteriormente, que foram observados de forma crítica e minuciosa e tiveram os seguintes pontos conclusivos:

1) Para ser comercialmente viável, o custo do gerador de H deve ser competitivo em relação aos métodos alternativos de produção de hidrogénio. Isto inclui custos mais baixos de materiais, catalisadores e processos de fabrico. O gerador de hidrogénio de placas 4/4 Al Cu concebido em sanduíche pode interagir com fontes de energia renováveis, como a energia solar e eólica, para fabricar hidrogénio de forma ecológica e sustentável.

2) A elevada estabilidade e o baixo desempenho cinético do LiAlH4 têm de ser ultrapassados. A adição de catalisadores é atualmente a

estratégia mais eficaz para melhorar o desempenho de armazenamento de hidrogénio dos hidretos complexos. Investigações anteriores mostraram que os catalisadores Fe e Fe2O3 melhoram as características de desidrogenação do LiAlH4, mas é necessário mais informações sobre os seus efeitos catalíticos sinérgicos. Como resultado, as características de rutura térmica do LiAlH4 com e sem catalisadores são examinadas neste estudo do ponto de vista da cinética de desidrogenação.

3) Devido à sua disponibilidade, acessibilidade e capacidade de produzir hidrogénio com um rendimento elevado, os métodos químicos alumínio-água para a produção de hidrogénio têm muito potencial. São necessários mais estudos para minimizar o custo global do processo e determinar a estratégia de fabrico ideal.

4) Um sistema ideal de produção e armazenamento de hidrogénio deve ter elevadas capacidades de produção e armazenamento de hidrogénio e um tempo de reação significativamente menor. Uma diminuição da capacidade de hidrogénio do sistema segue sempre as terapias de ativação do alumínio que incentivam a libertação de hidrogénio. É impossível comparar as cinéticas publicadas para a interação alumínio-água, uma vez que utilizam unidades diferentes. No entanto, 3,104 g H2/s/g-Al é a maior taxa de geração de hidrogénio observada.

O sistema integrado de hidrogénio proposto neste estudo é inteiramente novo; embora pareça promissor, algumas experiências práticas baseadas no armazenamento amovível de hidrogénio e na eficiência funcional global do sistema de produção de hidrogénio a partir de água e alumínio ainda estão por fazer e abrem um vasto campo de investigação neste sector (se comparado com outras tecnologias existentes, técnicas semelhantes, oportunidades e desafios, custos, etc., e as possibilidades futuras e a novidade da ideia).

<u>***Capítulo 5: Produção fotoelectroquímica de hidrogénio***</u>

Introdução

Ao reorientar a procura global de energia para a identificação de fontes renováveis, a energia do hidrogénio, juntamente com a energia solar, a energia eólica e os biocombustíveis, tem sido apresentada como um recurso futuro promissor para a transição energética. As vantagens significativas da energia do hidrogénio não são apenas as capacidades de produção, mas também o seu potencial de armazenamento de energia devido às emissões líquidas neutras, às densidades de energia mais elevadas e à capacidade de armazenamento independente (Chew et al. 2023; Veras et al. 2017; Mittal e Kushwaha 2024). A elucidação das limitações que são necessárias para a disponibilidade da eficiência da produção de hidrogénio solar não gira apenas em torno da acessibilidade, mas também dos parâmetros de conceção, da engenharia de reação no interior da eletrólise e da produção de materiais. Estes factores podem ser validados através da utilização de várias avaliações computacionais para estimar e prever os cálculos necessários para a produção fotoelectroquímica de hidrogénio. A avaliação do ciclo de vida (ACV), a avaliação do impacto ambiental (AIA), os modelos de aprendizagem automática, os modelos de aprendizagem por transferência e os modelos de inteligência artificial ajudam a validar as tecnologias em termos de sustentabilidade e adaptabilidade à escala industrial para a produção fotoelectroquímica (PEC) de hidrogénio (Mittal et al. 2024; Griffiths et al. 2021).

É difícil comercializar o PEC e também os seus componentes com um ciclo de vida de, pelo menos, dez anos e um custo limite médio de 2 dólares por kg de hidrogénio produzido (Prévot e Sivula 2013; Hillenbrand, Helbig, e Marschall 2024; Siavash Moakhar et al. 2021). Os fotoelectrodos utilizados na PEC devem ser altamente estáveis e ter elevadas densidades de fotocorrente para um aumento de escala eficiente das células PEC com menos sobrepotenciais e níveis máximos de absorção dos espectros visíveis. Recentemente, os dispositivos PEC ganharam popularidade na produção de hidrogénio limpo utilizando a luz solar. A combinação de fontes de energia renováveis para a produção de hidrogénio apresenta uma possibilidade significativa de soluções sustentáveis. É possível integrar estes sistemas para múltiplas utilizações, tais como energia, hidrogénio, calor, refrigeração e filtragem de águas residuais. Devido a esta integração, foram criados sistemas PEC para gerar hidrogénio a partir de águas residuais e salobras. As características de cada componente e também a produção global de hidrogénio requerem a compreensão dos processos, fenómenos de transporte, termodinâmica, eletroquímica, procedimentos de conceção e análise de engenharia, materiais, integração de sistemas e avaliação do desempenho, o que é crucial para a criação, conceção, análise, construção e modernização destes sistemas (Hisatomi, Kubota e Domen 2014; Contreras et al. 2024). Os sistemas de produção de hidrogénio baseados em PEC são geralmente constituídos por fotoanodos, membranas e fotocátodos, que funcionam com base no princípio dos processos de transferência de electrões e fotões para excitar os electrões. A representação info-gráfica da produção de hidrogénio por PEC é apresentada na **Figura 1** (Liu et al. 2014; Z. Li et al. 2013; Bak et al. 2002; Ji e Wang 2021; M. Zhang et al. 2021).

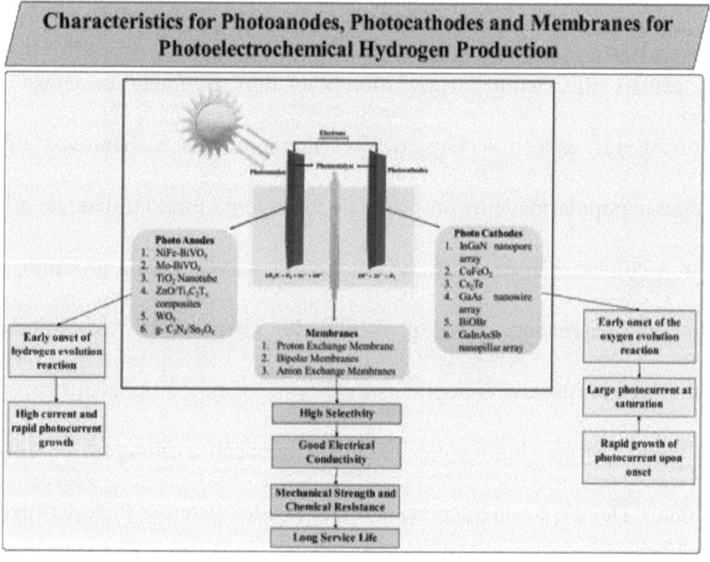

Figura 1: Representação da produção fotoelectroquímica de hidrogénio (Liu et al. 2014; Z. Li et al. 2013; Bak et al. 2002; Ji e Wang 2021; M. Zhang et al. 2021).

Em resumo, o sistema de produção de hidrogénio PEC tem os seus componentes com potencialidades futuras cruciais, mas também limitações que podem ser analisadas e substituídas por materiais que superem os desafios. Esses desafios incluem geralmente a eficiência, o rendimento, os materiais semicondutores, a estabilidade, a durabilidade, a redução do sobrepotencial, o custo dos materiais e, mais importante ainda, a escalabilidade industrial. Para que a substituição de materiais possa colmatar as lacunas dos desafios colocados pela configuração da produção de hidrogénio por PEC, são necessárias várias avaliações que serão discutidas em pormenor, incluindo a avaliação do ciclo de vida e a análise do impacto ambiental.

Categorias de impacto e parâmetros de potencial ambiental

As categorias de impacto são exigentes quando se examina a ACV da produção fotoeletroquímica de hidrogénio, o que ajuda a contribuir para a ACV através do agrupamento de emissões, da normalização das medições, da tomada de decisões, da avaliação ambiental holística e da tradução de dados (Baykara 2018; Acar e Dincer 2015; Amin et al. 2022; Proost 2019). Para além de contribuírem para a ACV, essas categorias de impacto e parâmetros potenciais também ajudam nas práticas sustentáveis e nas políticas ambientais nos regimes nacionais, internacionais ou cooperativos. Em consonância com as categorias de impacte utilizadas na ACV ou na AIA, vários parâmetros de potencial ecológico ajudam a reduzir as emissões ambientais globais e a quantificar os efeitos ecológicos, que estão relacionados com o ciclo de vida global do processo(Guinée et al. 2011; Greenblatt 2018; Gerloff 2021; Palmer et al. 2021). Para a produção fotoeletroquímica de hidrogénio, as categorias de impacto e os parâmetros de potencial ambiental são significativos para avaliar o desempenho ecológico e sustentável das tecnologias de produção através de diferentes materiais. As avaliações destes materiais podem ser classificadas em várias categorias de impacto, apresentadas no **Quadro 1**.

Quadro 1: Categorias de impacto e parâmetros de potencial ambiental em materiais de produção fotoelectroquímica de hidrogénio.

Categorias de impacto e parâmetros de potencial ambiental	Papel	Referências
Potencial de aquecimento global (GWP)	Avaliação da contribuição das alterações climáticas através das emissões de GEE para a	(Finnveden et al. 2009)

	produção de hidrogénio PEC.	
Utilização da água	Avaliação do consumo de água para geração de energia em PEC.	(Hellweg, Canals, e Canals 2014)
Tempo de recuperação de energia (EPBT)	Necessidade de tempo para a produção de energia na produção de hidrogénio.	(Bhandari, Trudewind, e Zapp 2014; Karaca e Dincer 2023)
Potencial de eutrofização (PE)	Avaliação dos impactos do escoamento de nutrientes em ecossistemas aquáticos na produção de hidrogénio.	(X. Zhang et al. 2023)
Esgotamento de recursos	Quantifica os materiais raros ou	(Rumayor et al. 2022)

	não renováveis na construção do PEC.	
Potencial de criação fotoquímica de ozono (POCP)	Calcula as emissões PEC para a contribuição do ozono troposférico	(Sadeghi e Ghandehariun 2023)
Potencial de toxicidade humana (HTP)	Impactos na saúde das substâncias químicas no ciclo de vida da produção de hidrogénio PEC	(Grimm, de Jong, e Kramer 2020)

Através da produção de hidrogénio PEC, essas categorias de impacto podem ajudar a identificar os impactos ambientais críticos que envolvem o consumo de energia, a utilização de água e as emissões. A orientação para a melhoria da conceção, a facilitação da tomada de decisões, a normalização, a avaliação comparativa e, mais importante ainda, o apoio ao aumento da sustentabilidade são também alguns dos factores que podem ajudar as categorias de impacto.

Avaliação do ciclo de vida dos materiais utilizados na produção de hidrogénio PEC

A avaliação consiste no desmantelamento e na reciclagem em fim de vida, que avalia criticamente o ciclo de vida (de funcionamento) de todo o processo e do material utilizado no sistema de produção (Palmer et al. 2021; Sadeghi, Ghandehariun, e Rosen 2020; Yang et al. 2022; Grimm, de Jong, e Kramer 2020). A LCA na produção de hidrogênio PEC é bem explicada a partir dos limites do sistema, componentes usados no sistema de produção e o peso total dos materiais necessários para produzir 1 kg de hidrogênio por dia, que é avaliado e apresentado na **Figura 2** (X. Zhang et al. 2023; Rumayor et al. 2022; Grimm, de Jong, e Kramer 2020; Sadeghi, Ghandehariun, e Rosen 2020; Frowijn e van Sark 2021; Razi e Dincer 2020).

A ACV da produção de hidrogénio PEC pode ser classificada em produção de materiais, fabrico, operações, fim de vida, categorias de impacto, tempo de recuperação de energia, balanço energético líquido e cálculos do rácio custo-eficiência (Ahmadi et al. 2020; J. Zhang et al. 2022). Ajuda a avaliar criticamente o processamento e a avaliação dos materiais utilizados no sistema de hidrogénio PEC, que inclui fotoanodos, fotocatodos, corpo celular e membranas. Os materiais são avaliados através do peso total do material, dos parâmetros sustentáveis e do ciclo de vida global dos materiais utilizados nos fotoanodos, fotocátodos ou membranas. No caso das membranas, é essencial avaliar a sua eficiência, a transferência de massa e as perdas de transferência de calor, que podem prejudicar a produção global de hidrogénio na produção de hidrogénio PEC (Dincer e Acar 2015; R. Li 2017). A avaliação dos custos será efectuada para os materiais totalmente avaliados com a avaliação da energia de fabrico e dos recursos através da energia global. Por conseguinte, é essencial ter uma perspetiva do rácio energia-custo para o PEC para uma escala industrial do sistema de produção, desde a escala laboratorial até à escala piloto.

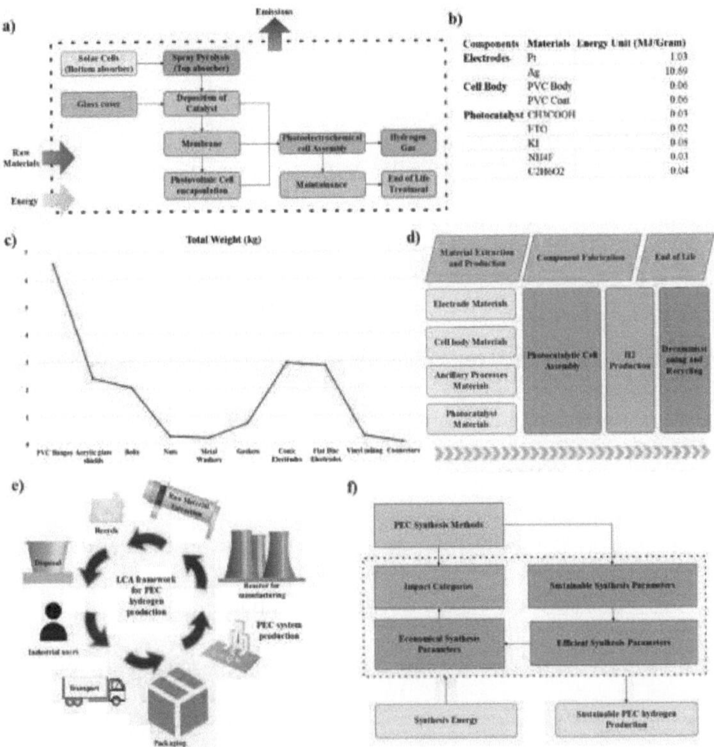

Figura 2: Resumo infográfico dos limites do sistema de avaliação do ciclo de vida, análise de componentes e algoritmo de processo para a produção de hidrogénio PEC

a) Fronteiras do sistema para a avaliação do ciclo de vida PEC (X. Zhang et al. 2023);

b) Classificação de componentes para categorias de impacto PEC (Grimm, de Jong e Kramer 2020; Sadeghi, Ghandehariun e Rosen 2020)

c) Peso total (em kg) dos componentes PEC (Frowijn e van Sark 2021) ;

d) Processo LCA para a produção de hidrogénio PEC (Rumayor et al. 2022)

e) Quadro LCA para a produção de hidrogénio PEC (Razi e Dincer 2020)

f) Métodos de síntese PEC (Frowijn e van Sark 2021)

A eficiência operacional (utilização de água e eletricidade), a durabilidade do PEC, a necessidade de manutenção, os impactos do desmantelamento e a reciclagem são os factores cruciais a avaliar quando se realiza a ACV do PEC. Como avaliação final da ACV na produção de hidrogénio do PEC, são realizados o balanço energético líquido e a análise de custos. Para o balanço energético líquido, a produção de energia do sistema PEC é calculada em comparação com a entrada de energia no ciclo de trabalho global da ACV (Zheng e Lo 2021; Valenzuela et al. 2021). Para a análise de custos, podem ser utilizadas várias avaliações económicas para avaliar o custo necessário na produção de hidrogénio através do PEC. Estas avaliações incluem a análise custo-benefício, a avaliação da força, fraqueza, oportunidade e ameaças (SWOT), a avaliação da viabilidade económica e a avaliação da relação custo-eficácia (Simbeck 2005; Singh et al. 2022; Ji e Wang 2021; Parkinson et al. 2019; Rodriguez et al. 2014).

Avaliação do impacto ambiental dos materiais utilizados na produção de hidrogénio PEC

A AIA é utilizada para a avaliação dos parâmetros do potencial ambiental e das categorias de impacto para avaliar os materiais necessários ao processo (Osman et al. 2022; Lee et al. 2017; Töbelmann e Wendler 2020; Colvin 2003). No caso do PEC, é necessário mitigar vários parâmetros e categorias de impacto, que incluem a extração de recursos, o processamento de materiais, o fabrico, a fase de utilização, o fim de vida e o transporte. Os principais objectivos e a importância de tais avaliações consistem em desenvolver várias políticas e formas de reduzir a pegada de carbono total na produção global de hidrogénio através da PEC (Töbelmann e Wendler 2020).

Com a ajuda da extração de recursos, podem ser extraídos vários materiais novos, que incluem fotoanodos, fotocatodos e membranas, para uma melhor eficiência. Uma vez decididos os recursos, é muito importante processar o consumo, o processamento e o refinamento dos materiais utilizados na PEC (Williamson et al. 2012; Thonemann 2020; Baykara 2018). À semelhança do processamento e extração dos materiais em PEC, o fabrico de células PEC para reduzir as pegadas de carbono, a durabilidade dos materiais, bem como a eficiência do sistema PEC.

Reciclabilidade, impactos da eliminação e potencial para a recuperação de materiais, bem como o transporte, que inclui o transporte de materiais através da dupla gestão da cadeia de abastecimento. Por último, uma vez efectuada toda a avaliação do impacto ambiental, são então realizadas as categorias de impacto específicas, incluindo o potencial de aquecimento global, o potencial de acidificação e o potencial de eutrofização.(Minja et al. 2024; Fernandez-Ibanez et al. 2021).

A **Figura 3** apresenta os principais fluxos de energia e de materiais no PEC, bem como a energia, a exergia, o custo, os benefícios dos custos sociais, o potencial de aquecimento global e o potencial de acidificação de várias produções de fotohidrogénio, que incluem a eletrólise fotovoltaica, a fotocatálise, o método fotoelectroquímico e a fotoelectrólise, e compara com a produção ideal de hidrogénio (Kadier et al. 2018; Landman et al. 2020; Thakur et al. 2020; Terlouw et al. 2022; Osman et al. 2022). Após essas comparações, foi desaprovado que, embora não tenha sido realizada uma análise exaustiva dos custos do sistema de produção de hidrogénio PEC, a comparação dos custos sociais do PEC, bem como do GWP e do AP, é muito elevada em comparação com outros sistemas de produção de hidrogénio, que foram realizados nos relatórios através de avaliações de impacto ambiental.

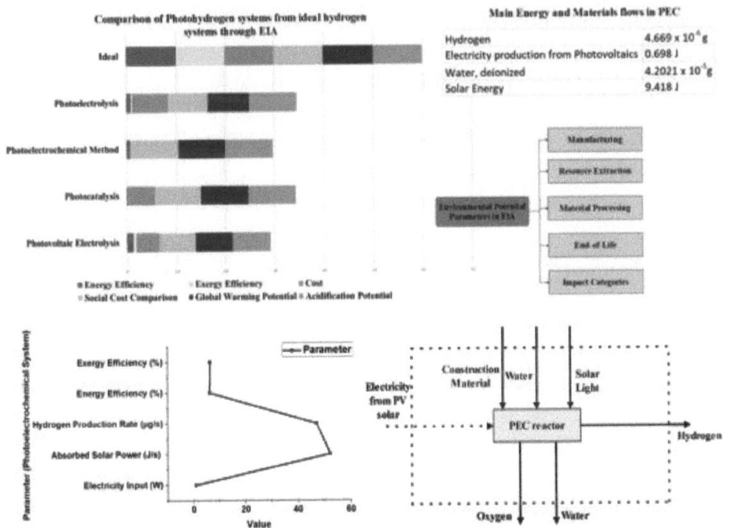

Figura 3: Comparação de sistemas de fotohidrogénio, principais fluxos de energia e materiais em PEC através da Avaliação de Impacto Ambiental (Landman et al. 2020; Thakur et al. 2020; Terlouw et al. 2022; Osman et al. 2022).

Aumento da escala industrial do PEC através da avaliação do ciclo de vida e da avaliação do impacto ambiental

A ACV e a AIA podem ser utilizadas para aumentar a escala industrial da produção de hidrogénio com base no PCE, o que é feito através de vários resultados de entrada e saída. Estes resultados ajudam a identificar pontos críticos ambientais, a orientar a conceção, a inovação, a apoiar a tomada de decisões, a melhorar a conformidade regulamentar, a facilitar a comunicação com as partes interessadas, a promover a economia circular, a melhorar continuamente e a avaliar comparativamente o sistema de produção (Zhai et al. 2013; Dufour et al. 2012; Aydin et al. 2021). Para a produção de hidrogénio PEC, essa expansão industrial para aumentar a eficiência e a sustentabilidade desde a escala laboratorial até à comercialização do sistema de produção exige a redução de custos, a estruturalização dos componentes e a conceção baseada em módulos. A ACV e a AIA fornecerão pistas para estimar a eficiência, a escalabilidade e a análise técnico-económica. Esse aumento de escala industrial com a ajuda da ACV ou da AIA tem os seus próprios desafios, uma vez que estas avaliações podem não discutir as perdas óhmicas, de transferência de massa ou de calor no interior do corpo celular (Chen et al. 2022; Wenderich et al. 2020). Estas avaliações também não discutem a estabilidade dos materiais, a eficiência dos custos, a gestão da energia e a normalização de uma ampliação industrial completa necessária para a produção de hidrogénio PEC. Embora esses desafios possam ser abordados através de várias avaliações computacionais multidisciplinares, que podem ser integradas na ACV ou na AIA, como a Avaliação Ambiental Estratégica (AAE), a Avaliação do Ciclo de Vida Social (ACVS), a Avaliação da Sustentabilidade (AS), a Avaliação dos Riscos Ambientais (ARA) e a Avaliação do Impacto na Saúde (AIS) (Shih e Tseng 2014; Cetinkaya, Dincer, e Naterer 2012; Palmer et al. 2021).

Conclusões

A produção fotoelectroquímica de hidrogénio é um dos métodos mais promissores para produzir hidrogénio limpo, que também pode ser ampliado a nível comercial. Foram discutidos vários modelos recentes de avaliações de ACV e AIA, através dos quais são apresentadas várias observações conclusivas. A ACV também pode ser realizada com a integração de várias outras avaliações para examinar minuciosamente a produção de hidrogénio PEC. À semelhança da ACV, a modelização da AIA, bem como a comparação de vários sistemas de produção de hidrogénio, é necessária para compreender as potencialidades futuras do sistema de produção de foto-hidrogénio. No entanto, parece haver uma grande lacuna na investigação relacionada com a produção de hidrogénio por PEC, devido à qual existem vários desafios que dificultam o aumento da escala industrial. Através de uma análise global dos custos e da análise técnico-económica, é possível ultrapassar vários desafios. No entanto, uma exigência da transição energética global, devido à qual é necessário alternar as actuais necessidades energéticas, não só para a produção de hidrogénio PEC, mas também para todas as fontes de energia renováveis, tais avaliações são necessárias para comparar o potencial para a transição energética final.

<u>*Referências*</u>

Adegoke, Kayode Adesina, Shankara Gayathri Radhakrishnan, Clarissa L. Gray, Barbara Sowa, Claudia Morais, Paul Rayess, Egmont R. Rohwer, Clément Comminges, K. Boniface Kokoh e Emil Roduner. 2020. "Eletro-redução altamente eficiente de ácido fórmico e dióxido de carbono para álcoois em eletrodos de óxido de índio". *Sustainable Energy & Fuels* 4 (8): 4030–38. https://doi.org/10.1039/D0SE00623H.

Ali, Nurul Amirah, Muhammad Amirul Nawi Ahmad, Muhammad Syarifuddin Yahya, Noratiqah Sazelee e Mohammad Ismail. 2022. "Propriedades de desidrogenação aprimoradas de LiAlH4 por adição de CoTiO3 nanométrico." *Nanomateriais* 12 (21): 3921. https://doi.org/10.3390/nano12213921.

Alinejad, Babak, e Korosh Mahmoodi. 2009. "A Novel Method for Generating Hydrogen by Hydrolysis of Highly Activated Aluminum Nanoparticles in Pure Water" [Um novo método para gerar hidrogénio por hidrólise de nanopartículas de alumínio altamente activadas em água pura]. *International Journal of Hydrogen Energy* 34 (19): 7934-38. https://doi.org/10.1016/j.ijhydene.2009.07.028.

Ambat, Rajan, e E S Dwarakadasa. 1996. "Effect of Hydrogen in Aluminium and Aluminium Alloys: A Review". *Boletim de Ciência dos Materiais* 19 (1): 103–14. https://doi.org/10.1007/BF02744792.

Amendola, S. 2000. "A Safe, Portable, Hydrogen Gas Generator Using Aqueous Borohydride Solution and Ru Catalyst." *International Journal of Hydrogen Energy* 25 (10): 969–75. https://doi.org/10.1016/S0360-3199(00)00021-5.

Amendola, Steven C., Stefanie L. Sharp-Goldman, M.Saleem Janjua, Michael T. Kelly, Phillip J. Petillo e Michael Binder. 2000. "An Ultrasafe Hydrogen Generator: Aqueous, Alkaline Borohydride Solutions and Ru Catalyst". *Journal of Power Sources* 85 (2): 186–89. https://doi.org/10.1016/S0378-7753(99)00301-8.

Andreasen, A., T. Vegge, e A.S. Pedersen. 2005. "Cinética de desidrogenação de aço recebido e moído <math Altimg="si1.Gif" Overflow="scroll"> <msub> <mrow> <mi>LiAlH</Mi> </Mrow> <mrow> <mn>4</Mn> </Mrow> </Msub> </Math>." *Journal of Solid State Chemistry* 178 (12): 3672–78. https://doi.org/10.1016/j.jssc.2005.09.027.

Bak, T, J Nowotny, M Rekas, e C.C Sorrell. 2002. "Geração Foto-Eletroquímica de Hidrogénio a partir da Água Utilizando a Energia Solar. Materials-Related Aspects". *International Journal of Hydrogen Energy* 27 (10): 991–1022. https://doi.org/10.1016/S0360-3199(02)00022-8.

Basheer, Al Arsh e Imran Ali. 2019. "Foto-divisão de água para energia verde de hidrogénio por nanopartículas verdes". *Jornal Internacional de*

Energia de Hidrogénio 44 (23): 11564–73. https://doi.org/10.1016/j.ijhydene.2019.03.040.

Bauer, Bernd, Heiner Strathmann e Franz Effenberger. 1990. "Membranas de permuta aniónica com estabilidade alcalina melhorada". *Desalination* 79 (2-3): 125–44. https://doi.org/10.1016/0011-9164(90)85002-R.

Boddien, Albert, Björn Loges, Henrik Junge, Felix Gärtner, James R. Noyes, e Matthias Beller. 2009. "Geração contínua de hidrogénio a partir do ácido fórmico: Catalisadores de ruténio altamente activos e estáveis". *Advanced Synthesis & Catalysis* 351 (14-15): 2517-20. https://doi.org/10.1002/adsc.200900431.

Bond, G.M, I.M Robertson, e H.K Birnbaum. 1988. "Effects of Hydrogen on Deformation and Fracture Processes in High-Ourity Aluminium." *Ata Metallurgica* 36 (8): 2193–97. https://doi.org/10.1016/0001-6160(88)90320-3.

Brewer, John H., e Daniel L. Allgeier. 1965. "Gerador de hidrogénio descartável". *Science* 147 (3661): 1033–34. https://doi.org/10.1126/science.147.3661.1033.b.

Cai, Jiaxing, Lei Zang, Lipeng Zhao, Jian Liu c Yijing Wang. 2016. "Características de desidrogenação de LiAlH 4 melhoradas por catalisadores formados in situ". *Journal of Energy Chemistry* 25 (5): 868–73. https://doi.org/10.1016/j.jechem.2016.06.004.

Cao, Zhijie, Xiaobo Ma, Hailong Wang e Liuzhang Ouyang. 2018. "Efeito catalítico do ScCl3 nas propriedades de desidrogenação do LiAlH4". *Journal of Alloys and Compounds* 762 (setembro): 73–79. https://doi.org/10.1016/j.jallcom.2018.05.213.

Che Mazlan, Nur Syazwani, Muhammad Firdaus Asyraf Abdul Halim Yap, Mohammad Ismail, Muhammad Syarifuddin Yahya, Nurul Amirah Ali, Noratiqah Sazelee e Yew Been Seok. 2023. "Reforçar o Processo de Desidrogenação de LiAlH4 por Acumulação de Carbono Ativado Poroso". *International Journal of Hydrogen Energy* 48 (43): 16381–91. https://doi.org/10.1016/j.ijhydene.2023.01.080.

Chen, Jun, Nobuhiro Kuriyama, Qiang Xu, Hiroyuki T. Takeshita e Tetsuo Sakai. 2001. "Armazenamento reversível de hidrogénio através de $LiAlH_4$ catalisado por titânio e $Li_3 AlH_6$." *The Journal of Physical Chemistry B* 105 (45): 11214–20. https://doi.org/10.1021/jp012127w.

Cheng, Hao, Jiaguang Zheng, Xuezhang Xiao, Zhe Liu, Xiujuan Ren, Xuancheng Wang, Shouquan Li e Lixin Chen. 2020. "Comportamento de desidrogenação ultra-rápida a baixa temperatura de LiAlH4 modificado por fluorographite." *Jornal Internacional de Energia de Hidrogénio* 45 (52): 28123–33. https://doi.org/10.1016/j.ijhydene.2020.03.186.

Chi, Jun, e Hongmei Yu. 2018. "Eletrólise da água baseada em energia renovável para produção de hidrogénio". *Chinese Journal of Catalysis* 39 (3): 390–94. https://doi.org/10.1016/S1872-2067(17)62949-8.

Cho, Chi-Yuan, Kuo-Huang Wang e Jun-Yen Uan. 2005. "Avaliação de um novo sistema de geração de hidrogénio: Ni-Rich Magnesium Alloy Catalyzed by Platinum Wire in Sodium Chloride Solution". *MATERIALS TRANSACTIONS* 46 (12): 2704–8. https://doi.org/10.2320/matertrans.46.2704.

Christian Enger, Bjørn, Rune Lødeng e Anders Holmen. 2008. "A Review of Catalytic Partial Oxidation of Methane to Synthesis Gas with Emphasis on Reaction Mechanisms over Transition Metal Catalysts." *Applied Catalysis A: General* 346 (1-2): 1–27. https://doi.org/10.1016/j.apcata.2008.05.018.

Clark, Woodrow W., e Jeremy Rifkin. 2006. "A Green Hydrogen Economy". *Energy Policy* 34 (17): 2630–39. https://doi.org/10.1016/j.enpol.2005.06.024.

Checa, E., e T. Troczynski. 2010. "Geração de Hidrogénio através da Corrosão Maciça de Alumínio Deformado em Água". *International Journal of Hydrogen Energy* 35 (3): 1029–37. https://doi.org/10.1016/j.ijhydene.2009.11.085.

Dai, Hong-Bin, Guang-Lu Ma, Hai-Jie Xia e Ping Wang. 2011. "Reação de alumínio com solução alcalina de estanato de sódio como fonte controlada de hidrogénio". *Energy & Environmental Science* 4 (6): 2206. https://doi.org/10.1039/c1ee00014d.

Das, Kuhali, Satyadeep Waiba, Akash Jana e Biplab Maji. 2022. "Reações de hidrogenação, desidrogenação e hidroelementação catalisadas por manganês". *Chemical Society Reviews* 51 (11): 4386-4464. https://doi.org/10.1039/D2CS00093H.

Deebika, P., e M.P. Saravanakumar. 2023. "Utilização de rejeitos de RO e resíduos de sucata de alumínio para geração de hidrogênio". *International Journal of Hydrogen Energy*, junho. https://doi.org/10.1016/j.ijhydene.2023.06.015.

Doi, Tetsuya, Hisami Matsumoto, Jun Abe e Shigenori Morita. 2009. "Feasibility Study on the Application of Rhizosphere Microflora of Rice for the Biohydrogen Production from Wasted Bread" [Estudo de viabilidade sobre a aplicação da microflora da rizosfera do arroz para a produção de biohidrogénio a partir de pão desperdiçado]. *International Journal of Hydrogen Energy* 34 (4): 1735–43. https://doi.org/10.1016/j.ijhydene.2008.12.060.

Dong, Zhao Yang, Jiajia Yang, Li Yu, Rahman Daiyan e Rose Amal. 2022. "Um quadro de crédito de hidrogénio verde para o comércio internacional de hidrogénio verde rumo a um futuro neutro em carbono". *International Journal of Hydrogen Energy* 47 (2): 728–34. https://doi.org/10.1016/j.ijhydene.2021.10.084.

Dražić, D.M., e J. Popić. 1993. "Evolução do hidrogénio no alumínio em soluções de cloreto". *Journal of Electroanalytical Chemistry* 357 (1-2): 105–16. https://doi.org/10.1016/0022-0728(93)80377-T.

Du, Pingwu, Jacob Schneider, Paul Jarosz, Jie Zhang, William W. Brennessel e Richard Eisenberg. 2007. "Transferência de Electrões Fotoinduzida em Cromóforos de Platina(II) Terpiridil Acetilida: Reductive and Oxidative Quenching and Hydrogen Production". *The Journal of Physical Chemistry B* 111 (24): 6887–94. https://doi.org/10.1021/jp072187n.

Dudoladov, A.O., O.A. Buryakovskaya, M.S. Vlaskin, A.Z. Zhuk, e E.I. Shkolnikov. 2016. "Geração de hidrogénio por oxidação de alumínio em soluções aquosas a baixas temperaturas". *International Journal of Hydrogen Energy* 41 (4): 2230–37. https://doi.org/10.1016/j.ijhydene.2015.11.122.

El-Shafie, Mostafa, e Shinji Kambara. 2023. "Avanços recentes nas tecnologias de síntese de amoníaco: Toward Future Zero Carbon Emissions". *International Journal of Hydrogen Energy* 48 (30): 11237–73. https://doi.org/10.1016/j.ijhydene.2022.09.061.

Fingersh, L. J. 2003. "Produção optimizada de hidrogénio e eletricidade a partir do vento". Golden, CO. https://doi.org/10.2172/15003977.

Gondal, Irfan Ahmad, Syed Athar Masood e Rafiullah Khan. 2018. "Potencial de produção de hidrogénio verde para o desenvolvimento de uma economia de hidrogénio no Paquistão". *Jornal Internacional de Energia de Hidrogénio* 43 (12): 6011–39. https://doi.org/10.1016/j.ijhydene.2018.01.113.

Groote, Ann M. De, e Gilbert F. Froment. 1996. "Simulação da oxidação parcial catalítica do metano em gás de síntese". *Applied Catalysis A: General* 138 (2): 245–64. https://doi.org/10.1016/0926-860X(95)00299-5.

Guo, Jinrui, Zhi Su, Jing Tian, Jinhua Deng, Tao Fu e Yong Liu. 2021. "Geração aprimorada de hidrogênio a partir da reação Al-água mediada por sais metálicos." *Jornal Internacional de Energia de Hidrogênio* 46 (5): 3453–63. https://doi.org/10.1016/j.ijhydene.2020.10.220.

Hansen, Anca D. 2012. "Geradores e eletrónica de potência para turbinas eólicas". Em *Wind Power in Power Systems*, 73-103. Wiley. https://doi.org/10.1002/9781119941842.ch5.

Hasvold, Øistein, Kjell Håvard Johansen, Ole Mollestad, Sissel Forseth e Nils Størkersen. 1999. "The Alkaline Aluminium/Hydrogen Peroxide Power Source in the Hugin II Unmanned Underwater Vehicle." *Journal of*

Power Sources 80 (1-2): 254–60. https://doi.org/10.1016/S0378-7753(98)00266-3.

HAWKES, F. 2002. "Sustainable Fermentative Hydrogen Production: Challenges for Process Optimisation". *International Journal of Hydrogen Energy* 27 (11-12): 1339–47. https://doi.org/10.1016/S0360-3199(02)00090-3.

Hickner, Michael A., Andrew M. Herring e E. Bryan Coughlin. 2013. "Membranas de permuta aniónica: Current Status and Moving Forward". *Journal of Polymer Science Part B: Polymer Physics* 51 (24): 1727–35. https://doi.org/10.1002/polb.23395.

Hua, D. 2003. "Produção de Hidrogénio a partir de Hidrólise Catalítica de Solução de Borohidreto de Sódio Utilizando Catalisador de Boreto de Níquel". *International Journal of Hydrogen Energy* 28 (10): 1095–1100. https://doi.org/10.1016/S0360-3199(02)00235-5.

Huang, Zhi-Chao, Yu-Kuan Zhang, Yong-Cheng Lin e Yu-Qiang Jiang. 2022. "Propriedade física e mecanismo de falha de juntas de rebitagem autoperfurantes entre placa de alumínio composta de sanduíche de espuma de metal e liga de alumínio." *Jornal de Pesquisa e Tecnologia de Materiais* 17 (março): 139–49. https://doi.org/10.1016/j.jmrt.2021.12.132.

Huglen, Reidar, e Halvor Kvande. 2016. "Considerações globais da eletrólise do alumínio sobre a energia e o ambiente". Em *Essential Readings in Light Metals*, 948-55. Cham: Springer International Publishing. https://doi.org/10.1007/978-3-319-48156-2_140.

Ismail, M., N.A. Sazelee, N.A. Ali, e S. Suwarno. 2021. "Efeito catalítico de SrTiO3 nas propriedades de desidrogenação de LiAlH4." *Journal of Alloys and Compounds* 855 (fevereiro): 157475. https://doi.org/10.1016/j.jallcom.2020.157475.

Ismail, M., Y. Zhao, X.B. Yu, I.P. Nevirkovets, e S.X. Dou. 2011. "Desidrogenação significativamente melhorada de LiAlH4 catalisada com nanopó de TiO2". *International Journal of Hydrogen Energy* 36 (14): 8327–34. https://doi.org/10.1016/j.ijhydene.2011.04.074.

Jeong, S.U., R.K. Kim, E.A. Cho, H.-J. Kim, S.-W. Nam, I.-H. Oh, S.-A. Hong, e S.H. Kim. 2005. "Um estudo sobre a produção de hidrogénio a partir de uma solução de NaBH4 utilizando o catalisador Co-B de elevado desempenho". *Journal of Power Sources* 144 (1): 129–34. https://doi.org/10.1016/j.jpowsour.2004.12.046.

Jia, Yu Hong, Jae Hun Ryu, Cho Hui Kim, Woo Kyung Lee, Thi Van Trinh Tran, Hyo Lee Lee, Rui Hong Zhang e Dae Hee Ahn. 2012. "Melhorar a eficiência da produção de hidrogénio na célula de eletrólise microbiana com cátodo de montagem de elétrodo de membrana". *Journal of Industrial and Engineering Chemistry* 18 (2): 715–19. https://doi.org/10.1016/j.jiec.2011.11.127.

Joselin Herbert, G.M., S. Iniyan, E. Sreevalsan e S. Rajapandian. 2007. "A Review of Wind Energy Technologies." *Renewable and Sustainable Energy Reviews* 11 (6): 1117–45. https://doi.org/10.1016/j.rser.2005.08.004.

Jung, C.R., Arunabha Kundu, B. Ku, J.H. Gil, H.R. Lee, e J.H. Jang. 2008a. "Hydrogen from Aluminium in a Flow Reator for Fuel Cell Applications." *Journal of Power Sources* 175 (1): 490–94. https://doi.org/10.1016/j.jpowsour.2007.09.064.

---. 2008b. "Hidrogénio de Alumínio num Reator de Fluxo para Aplicações de Células de Combustível". *Journal of Power Sources* 175 (1): 490–94. https://doi.org/10.1016/j.jpowsour.2007.09.064.

Kim, Hee Jin, Ho Young Kim, Jinwhan Joo, Sang Hoon Joo, June Sung Lim, Jinwoo Lee, Huawei Huang, et al. 2022. "Avanços recentes em catalisadores baseados em metais do grupo não precioso para eletrólise de água e além." *Journal of Materials Chemistry A* 10 (1): 50–88. https://doi.org/10.1039/D1TA06548C.

Kjartansdóttir, Cecilía Kristín, Lars Pleth Nielsen e Per Møller. 2013. "Desenvolvimento de eletrodos duráveis e eficientes para eletrólise de água alcalina em larga escala". *International Journal of Hydrogen Energy* 38 (20): 8221-31. https://doi.org/10.1016/j.ijhydene.2013.04.101.

Kondo, Yoshifumi, Kenta Hino, Yasutaka Kuwahara, Kohsuke Mori e Hiromi Yamashita. 2023. "Fotossíntese de peróxido de hidrogénio a partir de dioxigénio e água utilizando uma estrutura metal-orgânica à base de alumínio montada com ligantes à base de porfirina e pireno". *Journal of Materials Chemistry A* 11 (17): 9530–37. https://doi.org/10.1039/D3TA01051A.

KONG, V, D KIRK, F FOULKES, e J HINATSU. 2003. "Desenvolvimento de Armazenamento de Hidrogénio para Geradores de Células de Combustível II: Utilização de Hidreto de Cálcio e Hidreto de Lítio." *International Journal of Hydrogen Energy* 28 (2): 205–14. https://doi.org/10.1016/S0360-3199(02)00039-3.

Kumar, Debashree, e Karuppan Muthukumar. 2020. "Uma visão geral sobre a ativação da reação alumínio-água para produção aprimorada de hidrogênio". *Journal of Alloys and Compounds* 835 (setembro): 155189. https://doi.org/10.1016/j.jallcom.2020.155189.

Kushch, S.D., N.S. Kuyunko, R.S. Nazarov, e B.P. Tarasov. 2011. "Composições geradoras de hidrogénio à base de magnésio". *International Journal of Hydrogen Energy* 36 (1): 1321–25. https://doi.org/10.1016/j.ijhydene.2010.06.115.

Lee, Jaeyoung, Kyung Yong Kong, Chang Ryul Jung, Eunae Cho, Sung Pil Yoon, Jonghee Han, Tai-Gyu Lee e Suk Woo Nam. 2007. "Um catalisador Co-B estruturado para a extração de hidrogénio de uma solução de NaBH4". *Catalysis Today* 120 (3-4): 305–10. https://doi.org/10.1016/j.cattod.2006.09.019.

Li, Li, Fangyuan Qiu, Yijing Wang, Yanan Xu, Cuihua An, Guang Liu, Lifang Jiao e Huatang Yuan. 2013. "Propriedades melhoradas de armazenamento de hidrogénio do compósito TiN-LiAlH4." *Jornal Internacional de Energia de Hidrogénio* 38 (9): 3695–3701. https://doi.org/10.1016/j.ijhydene.2013.01.088.

Li, Yun, Shaolong Wu, Dongdong Zhu, Jun He, Xuezhang Xiao e Lixin Chen. 2020. "Desempenhos de desidrogenação de diferentes sistemas compostos de fonte de Al de 2LiBH4 + M (M = Al, LiAlH4, Li3AlH6)." *Frontiers in Chemistry* 8 (abril). https://doi.org/10.3389/fchem.2020.00227.

Li, Zhibao, Shusheng Liu, Xiaoliang Si, Jian Zhang, Chengli Jiao, Shuang Wang, Shuang Liu, Yong-Jin Zou, Lixian Sun e Fen Xu. 2012. "Desidrogenação significativamente melhorada de LiAlH4 desestabilizada por K2TiF6." *Jornal Internacional de Energia de Hidrogénio* 37 (4): 3261–67. https://doi.org/10.1016/j.ijhydene.2011.10.038.

Liu, Jingru, Han Wang, Qingxi Yuan e Xiping Song. 2018. "Um novo material de magnésio nanoporoso para geração de hidrogénio com água salgada". *Journal of Power Sources* 395 (agosto): 8–15. https://doi.org/10.1016/j.jpowsour.2018.05.062.

Liu, Shu-Sheng, Zhi-Bao Li, Cheng-Li Jiao, Xiao-Liang Si, Li-Ni Yang, Jian Zhang, Huai-Ying Zhou, et al. 2013. "Armazenamento de hidrogénio reversível melhorado de LiAlH4 por TiH2 nanométrico." *Jornal Internacional de Energia de Hidrogénio* 38 (6): 2770–77. https://doi.org/10.1016/j.ijhydene.2012.11.042.

Liu, Shu-Sheng, Li-Xian Sun, Yao Zhang, Fen Xu, Jian Zhang, Hai-Liang Chu, Mei-Qiang Fan, Tao Zhang, Xiao-Yan Song e Jean Pierre Grolier. 2009. "Efeito do tempo de moagem de bolas nas propriedades de armazenamento de hidrogénio do LiAlH4 dopado com TiF3". *International Journal of Hydrogen Energy* 34 (19): 8079-85. https://doi.org/10.1016/j.ijhydene.2009.07.090.

Lu, Jun, e Zhigang Zak Fang. 2005. "Desidrogenação de um sistema combinado LiAlH$_4$ /LiNH$_2$." *The Journal of Physical Chemistry B* 109 (44): 20830–34. https://doi.org/10.1021/jp053954q.

Mazumder, Malay, Mark N. Horenstein, Jeremy W. Stark, Peter Girouard, Robert Sumner, Brooks Henderson, Omar Sadder, Ishihara Hidetaka, Alexandru Sorin Biris e Rajesh Sharma. 2013. "Caracterização do desempenho da tela eletrodinâmica para remoção de poeira de painéis solares e geradores de hidrogênio solar". *IEEE Transactions on Industry Applications* 49 (4): 1793–1800. https://doi.org/10.1109/TIA.2013.2258391.

Meethom, Sukanya, Dechmongkhon Kaewsuwan, Narong Chanlek, Oliver Utke e Rapee Utke. 2020. "Sorção de hidrogênio aprimorada de LiBH4-LiAlH4 por extinção de desidrogenação, moagem de bolas e dopagem com MWCNTs." *Jornal de Física e Química dos Sólidos* 136 (janeiro): 109202. https://doi.org/10.1016/j.jpcs.2019.109202.

Merle, Géraldine, Matthias Wessling e Kitty Nijmeijer. 2011. "Membranas de troca aniónica para células de combustível alcalinas: A Review". *Journal of Membrane Science* 377 (1-2): 1–35. https://doi.org/10.1016/j.memsci.2011.04.043.

Milani, Massimo, Luca Montorsi, Gabriele Storchi, Matteo Venturelli, Diego Angeli, Adriano Leonforte, Davide Castagnetti e Andrea Sorrentino. 2020. "Análise experimental e numérica de um injetor de alumínio líquido para um sistema de produção de hidrogênio baseado em Al-H2O." *International Journal of Thermofluids* 7-8 (novembro): 100018. https://doi.org/10.1016/j.ijft.2020.100018.

Mittal, Harshit, e Omkar Singh Kushwaha. 2024. "Aprendizado de máquina em revestimentos comercializados". Em *Functional Coatings*, 450-74. Wiley. https://doi.org/10.1002/9781394207305.ch17.

Mittal, Harshit, Shikhar Verma, Aditya Bansal e Omkar Singh Kushwaha. 2024. "Perspetiva da Economia de Hidrogénio de Baixo Carbono e Transição Líquida de Energia Zero através de Células de Eletrólise de Membrana de Troca de Protões (PEMECs), Membranas de Troca de Aniões (AEMs) e Vento para a Geração de Hidrogénio Verde". *Qeios*. https://doi.org/10.32388/9V7LLC.

Modestino, Miguel A., e Sophia Haussener. 2015. "Uma visão integrada do dispositivo na geração foto-eletroquímica de hidrogénio solar". *Revisão Anual de Engenharia Química e Biomolecular* 6 (1): 13–34. https://doi.org/10.1146/annurev-chembioeng-061114-123357.

Mutlu, Rasiha Nefise, Ibrahim Kucukkara e Ahmet Murat Gizir. 2020. "Geração de hidrogênio por eletrólise sob condição de água subcrítica e o efeito do ânodo de alumínio". *International Journal of Hydrogen Energy* 45 (23): 12641–52. https://doi.org/10.1016/j.ijhydene.2020.02.223.

Naimi, Youssef, e Amal Antar. 2018. "Geração de hidrogénio por eletrólise da água". Em *Avanços nas Tecnologias de Geração de Hidrogénio*. InTech. https://doi.org/10.5772/intechopen.76814.

Neal, Colin, e Nils Christophersen. 1989. "Inorganic Aluminium-Hydrogen Ion Relationships for Acidified Streams; the Role of Water Mixing Processes." *Science of The Total Environment* 80 (2-3): 195–203. https://doi.org/10.1016/0048-9697(89)90075-2.

Oh, Taek Hyun. 2016. "Um gerador de hidrogénio de ácido fórmico utilizando o catalisador Pd/C3N4 para sistemas móveis de células de combustível de membrana de troca de protões". *Energia* 112 (outubro): 679–85. https://doi.org/10.1016/j.energy.2016.06.096.

Oh, Taek Hyun, e Sejin Kwon. 2013. "Avaliação do desempenho do sistema de geração de hidrogénio com catalisador de espuma Co-P/Ni depositado por eletrólise para hidrólise de NaBH4." *International Journal of Hydrogen Energy* 38 (15): 6425–35. https://doi.org/10.1016/j.ijhydene.2013.03.068.

Ohashi, K., K. Uosaki, e J. O'M. Bockris. 1977. "Cátodos para geradores de hidrogénio fotodinâmicos: Znte and Cdte." *International Journal of Energy Research* 1 (1): 25–30. https://doi.org/10.1002/er.4440010104.

Oliveira, Alexandra M, Rebecca R Beswick, e Yushan Yan. 2021. "Uma economia verde de hidrogênio para uma sociedade de energia renovável". *Opinião Atual em Engenharia Química* 33 (setembro): 100701. https://doi.org/10.1016/j.coche.2021.100701.

ORMEROD, S. J., P. BOOLE, C. P. McCAHON, N. S. WEATHERLEY, D. PASCOE, e R. W. EDWARDS. 1987. "Acidificação experimental a curto prazo de um curso de água do País de Gales: Comparação dos efeitos biológicos dos iões de hidrogénio e do alumínio". *Freshwater Biology* 17 (2): 341–56. https://doi.org/10.1111/j.1365-2427.1987.tb01054.x.

Pan, Shengqi, Jigang Feng, Babak Safaei, Zhaoye Qin, Fulei Chu e David Hui. 2022. "Um estudo experimental comparativo sobre as propriedades de amortecimento de vigas de nanocompósitos epóxi reforçadas com nanotubos de carbono e nanoplacas de grafeno." *Nanotechnology Reviews* 11 (1): 1658–69. https://doi.org/10.1515/ntrev-2022-0107.

Panchenko, V.A., Yu.V. Daus, A.A. Kovalev, I.V. Yudaev, e Yu.V. Litti. 2023. "Perspectivas para a produção de hidrogénio verde: Review of Countries with High Potential". *International Journal of Hydrogen Energy* 48 (12): 4551–71. https://doi.org/10.1016/j.ijhydene.2022.10.084.

Parmuzina, A.V., e O.V. Kravchenko. 2008. "Ativação do Alumínio Metálico para Evoluir o Hidrogénio da Água". *International Journal of Hydrogen Energy* 33 (12): 3073–76. https://doi.org/10.1016/j.ijhydene.2008.02.025.

Patel, N., R. Fernandes, e A. Miotello. 2010. "Efeito promotor de catalisadores de liga de Co-B dopados com metais de transição para a produção de hidrogénio por hidrólise de solução alcalina de NaBH4."

Journal of Catalysis 271 (2): 315–24. https://doi.org/10.1016/j.jcat.2010.02.014.

Polyakov, P.V., A.B. Klyuchantsev, A.S. Yasinskiy, e Y.N. Popov. 2016. "Conceção da 'Célula dos Sonhos' na Eletrólise do Alumínio". In *Light Metals 2016*, 281-88. Hoboken, NJ, EUA: John Wiley & Sons, Inc. https://doi.org/10.1002/9781119274780.ch47.

Preez, S.P. du, e D.G. Bessarabov. 2018. "Geração de hidrogênio pela hidrólise de compósitos de alumínio-estanho-índio ativados mecanoquimicamente em água pura". *International Journal of Hydrogen Energy* 43 (46): 21398–413. https://doi.org/10.1016/j.ijhydene.2018.09.133.

Proost, Joris. 2019. "Dados de CAPEX de última geração para eletrolisadores de água e seu impacto nas configurações de preços de hidrogênio renovável". *International Journal of Hydrogen Energy* 44 (9): 4406–13. https://doi.org/10.1016/j.ijhydene.2018.07.164.

Rai, Chandramani, Barnali Bhui e Prabu V. 2022. "Análise técnico-económica do transformador químico de looping baseado em resíduos electrónicos como gerador de hidrogénio com co-geração de metais, eletricidade e gás de síntese". *International Journal of Hydrogen Energy* 47 (21): 11177–89. https://doi.org/10.1016/j.ijhydene.2022.01.159.

Rivanka, Abelia, Gilang M Rahmadi, Yuvani Oksarianti, Riko Saputra, Ahmad Arif e Silvi Handri. 2022. "SMART ALERT". *ARITMETIKA* 1 (01): 1-9. https://doi.org/10.54482/aritmetika.v1i01.69.

Rodriguez, Claudia A., Miguel A. Modestino, Demetri Psaltis e Christophe Moser. 2014. "Considerações de design e custo para geradores práticos de hidrogênio solar". *Energy Environ. Sci.* 7 (12): 3828–35. https://doi.org/10.1039/C4EE01453G.

Saerens, Stephanie, Maarten K. Sabbe, Vladimir V. Galvita, Evgeniy A. Redekop, Marie-Françoise Reyniers e Guy B. Marin. 2017. "O papel positivo do hidrogênio na desidrogenação do propano em Pt (111)." *ACS Catalysis* 7 (11): 7495-7508. https://doi.org/10.1021/acscatal.7b01584.

Sazelee, N.A., e M. Ismail. 2021. "Avanços recentes em LiAlH4 aprimorado por catalisador para armazenamento de hidrogênio em estado sólido: Uma revisão." *Jornal Internacional de Energia de Hidrogênio* 46 (13): 9123–41. https://doi.org/10.1016/j.ijhydene.2020.12.208.

Sekine, Yasushi, e Takuma Higo. 2021. "Tendências recentes sobre a catálise de desidrogenação do transportador de hidrogénio orgânico líquido (LOHC): Uma revisão". *Tópicos em Catálise* 64 (7-8): 470–80. https://doi.org/10.1007/s11244-021-01452-x.

Sherif, S.A., F. Barbir, e T.N. Veziroglu. 2005. "Wind Energy and the Hydrogen Economy-Review of the Technology." *Solar Energy* 78 (5): 647–60. https://doi.org/10.1016/j.solener.2005.01.002.

Simagina, Valentina I., Anna M. Ozerova, Oksana V. Komova e Olga V. Netskina. 2021. "Avanços recentes nas aplicações de catalisadores Co-B em geradores de hidrogênio portáteis baseados em NaBH4." *Catalysts* 11 (2): 268. https://doi.org/10.3390/catal11020268.

Smythe, Nathan C., e John C. Gordon. 2010. "Amoníaco Borano como Transportador de Hidrogénio: Desidrogenação e Regeneração". *Jornal Europeu de Química Inorgânica* 2010 (4): 509–21. https://doi.org/10.1002/ejic.200900932.

Stangeland, Kristian, Dori Kalai, Hailong Li e Zhixin Yu. 2017. "Metanação de CO 2: O Efeito dos Catalisadores e das Condições de Reação". *Energy Procedia* 105 (maio): 2022–27. https://doi.org/10.1016/j.egypro.2017.03.577.

Stojić, Dragica Lj, Milica P. Marčeta, Sofija P. Sovilj, e Šćepan S. Miljanić. 2003. "Geração de Hidrogénio a partir da Eletrólise da Água - Possibilidades de Poupança de Energia." In *Journal of Power Sources*, 118:315-19. Elsevier. https://doi.org/10.1016/S0378-7753(03)00077-6.

Strawser, D., J. Thangavelautham, e S. Dubowsky. 2014. "Um gerador de hidrogénio passivo à base de hidreto de lítio para células de combustível de baixa potência para redes de sensores de longa duração". *International Journal of Hydrogen Energy* 39 (19): 10216–29. https://doi.org/10.1016/j.ijhydene.2014.04.110.

Su, Huaneng, Vladimir Linkov e Bernard Jan Bladergroen. 2013. "Conjuntos de eléctrodos de membrana com baixas cargas de metais nobres para a produção de hidrogénio a partir de eletrólise de água de eletrólito de polímero sólido." *International Journal of Hydrogen Energy* 38 (23): 9601–8. https://doi.org/10.1016/j.ijhydene.2013.05.099.

Tan, Chung Hong, Saifuddin Nomanbhay, Abd Halim Shamsuddin, Young-Kwon Park, H. Hernández-Cocoletzi e Pau Loke Show. 2022. "Desenvolvimentos atuais na metanação catalítica de dióxido de carbono - uma revisão". *Frontiers in Energy Research* 9 (janeiro). https://doi.org/10.3389/fenrg.2021.795423.

Tang, Chun, Rong Zhang, Wenbo Lu, Liangbo He, Xiue Jiang, Abdullah M. Asiri e Xuping Sun. 2017. "Nanoarray CoP dopado com Fe: Um Catalisador Multifuncional Monolítico para Geração de Hidrogénio Altamente Eficiente". *Materiais Avançados* 29 (2): 1602441. https://doi.org/10.1002/adma.201602441.

Tena-García, J.R., A. Casillas-Ramírez, e K. Suárez-Alcántara. 2021. "Liberação de hidrogênio de misturas LiAlH4 / FeCl2 e LiBH4 / FeCl2 preparadas em condições criogênicas." *International Journal of Hydrogen*

Energy 46 (79): 39262–72. https://doi.org/10.1016/j.ijhydene.2021.09.138.

Tian, Li, Xiangjiu Guan, Yuchen Dong, Shichao Zong, Anna Dai, Ziying Zhang e Liejin Guo. 2023. "Melhoria da divisão geral da água para a produção de hidrogênio no fotocatalisador SrTiO3 dopado com alumínio por meio de flexão de banda de superfície sintonizada." *Environmental Chemistry Letters* 21 (3): 1257–64. https://doi.org/10.1007/s10311-023-01580-8.

UAN, J, C CHO, e K LIU. 2007. "Geração de Hidrogénio a partir de Sucatas de Ligas de Magnésio Catalisada por Rede de Titânio Revestida a Platina em Solução Aquosa de NaCl". *International Journal of Hydrogen Energy* 32 (13): 2337–43. https://doi.org/10.1016/j.ijhydene.2007.03.014.

Varcoe, John R., Plamen Atanassov, Dario R. Dekel, Andrew M. Herring, Michael A. Hickner, Paul. A. Kohl, Anthony R. Kucernak, et al. 2014. "Membranas de troca aniónica em sistemas de energia eletroquímica". *Energy Environ. Sci.* 7 (10): 3135–91. https://doi.org/10.1039/C4EE01303D.

Velázquez Abad, Anthony, e Paul E. Dodds. 2020. "Iniciativas de caraterização do hidrogénio verde: Definições, Normas, Garantias de Origem e Desafios". *Política Energética* 138 (março): 111300. https://doi.org/10.1016/j.enpol.2020.111300.

Vincent, Immanuel, Andries Kruger e Dmitri Bessarabov. 2017. "Desenvolvimento de um conjunto eficiente de eléctrodos de membrana para produção de hidrogénio de baixo custo por eletrólise de membrana de permuta aniónica". *International Journal of Hydrogen Energy* 42 (16): 10752–61. https://doi.org/10.1016/j.ijhydene.2017.03.069.

Wang, H.Z., D.Y.C. Leung, M.K.H. Leung e M. Ni. 2009. "Uma revisão sobre a produção de hidrogénio utilizando alumínio e ligas de alumínio". *Renewable and Sustainable Energy Reviews* 13 (4): 845–53. https://doi.org/10.1016/j.rser.2008.02.009.

Wang, Jun, Armin D. Ebner e James A. Ritter. 2006. "Caminho físico-químico para desidrogenação cíclica e reidrogenação de LiAlH₄." *Journal of the American Chemical Society* 128 (17): 5949–54. https://doi.org/10.1021/ja0600451.

Wang, Lei, Aditya Rawal, Md Zakaria Quadir e Kondo-Francois Aguey-Zinsou. 2017. "Hidreto de lítio e alumínio nanoconfinado (LiAlH4) e reversibilidade do hidrogénio." *International Journal of Hydrogen Energy* 42 (20): 14144-53. https://doi.org/10.1016/j.ijhydene.2017.04.104.

Wang, M.C., L.Z. Ouyang, J.W. Liu, H. Wang e M. Zhu. 2017. "Geração de Hidrogénio a partir da Hidrólise de Borohidreto de Sódio Acelerada por Cloreto de Zinco sem Catalisador: Um Estudo Cinético". *Journal of Alloys and* *Compounds* 717 (setembro): 48–54. https://doi.org/10.1016/j.jallcom.2017.04.274.

Wang, Yan, Guode Li, Shiwei Wu, Yongsheng Wei, Wei Meng, Yuan Xie, Ying Cui, Xin Lian, Yongge Chen e Xinyu Zhang. 2017. "Geração de hidrogénio a partir de solução alcalina de NaBH4 utilizando catalisadores Co-Ni-P nanoestruturados". *International Journal of Hydrogen Energy* 42 (26): 16529–37. https://doi.org/10.1016/j.ijhydene.2017.05.034.

Wu, Zhijie, Xikang Mao, Qin Zi, Rongrong Zhang, Tao Dou e Alex C.K. Yip. 2014. "Mecanismo e cinética da hidrólise de borohidreto de sódio sobre níquel cristalino e boreto de níquel e nanopartículas amorfas de níquel-boro". *Journal of Power Sources* 268 (dezembro): 596–603. https://doi.org/10.1016/j.jpowsour.2014.06.067.

Xueping, Zheng, e Liu Shenglin. 2009. "Estudo sobre as propriedades de armazenamento de hidrogénio do LiAlH4." *Journal of Alloys and Compounds* 481 (1-2): 761–63. https://doi.org/10.1016/j.jallcom.2009.03.089.

Yang, Lei, Shuning Wang, Zhihu Zhang, Kai Lin e Minggang Zheng. 2023. "Estado atual de desenvolvimento, apoio político e caminho de promoção das indústrias de hidrogénio verde da China sob o objetivo de pico de emissões de carbono e neutralidade de carbono". *Sustainability* 15 (13): 10118. https://doi.org/10.3390/su151310118.

Yue, Meiling, Hugo Lambert, Elodie Pahon, Robin Roche, Samir Jemei e Daniel Hissel. 2021. "Sistemas de energia de hidrogénio: Uma revisão crítica de tecnologias, aplicações, tendências e desafios." *Revisões de energia renovável e sustentável* 146 (agosto): 111180. https://doi.org/10.1016/j.rser.2021.111180.

Yusaf, Talal, Abu Shadate Faisal Mahamude, Kumaran Kadirgama, Devarajan Ramasamy, Kaniz Farhana, Hayder A. Dhahad e ABD Rahim Abu Talib. 2023. "Sustainable Hydrogen Energy in Aviation - A Narrative Review". *International Journal of Hydrogen Energy*, março. https://doi.org/10.1016/j.ijhydene.2023.02.086.

Zhai, Fuqiang, Ping Li, Aizhi Sun, Shen Wu, Qi Wan, Weina Zhang, Yunlong Li, Liqun Cui e Xuanhui Qu. 2012. "Desidrogenação significativamente melhorada de $LiAlH_4$ Desestabilizado por $MnFe_2O_4$ Nanopartículas." *The Journal of Physical Chemistry C* 116 (22): 11939-45. https://doi.org/10.1021/jp302721w.

Zhang, Chunmin, Long Liang, Shaolei Zhao, Zhijian Wu, Shaohua Wang, Dongming Yin, Qingshuang Wang, Limin Wang, Chunli Wang e Yong Cheng. 2023. "Comportamento de Desidrogenação e Mecanismo de $LiAlH_4$ Adicionando $Nano-CeO_2$ com Diferentes Morfologias". *Nano Research*, abril. https://doi.org/10.1007/s12274-023-5636-8.

Zhang, Qi. 2015. "Tratamento de água produzida em campo petrolífero usando microeletrólise Fe / C assistida por cobre zero-valente e alumínio zero-valente." *Environmental Technology* 36 (4): 515–20. https://doi.org/10.1080/09593330.2014.952678.

Zhang, Yao, Qi-Feng Tian, Shu-Sheng Liu e Li-Xian Sun. 2008a. "O Mecanismo de Desestabilização e a Cinética de Des/Re-Hidrogenação do Sistema de Armazenamento de Hidrogénio MgH2-LiAlH4." *Journal of Power Sources* 185 (2): 1514–18. https://doi.org/10.1016/j.jpowsour.2008.09.054.

---. 2008b. "O mecanismo de desestabilização e a cinética de des/Re-Hidrogenação do sistema de armazenamento de hidrogénio MgH2-LiAlH4." *Journal of Power Sources* 185 (2): 1514–18. https://doi.org/10.1016/j.jpowsour.2008.09.054.

Zheng, Jiaguang, Hao Cheng, Xuancheng Wang, Man Chen, Xuezhang Xiao e Lixin Chen. 2020. "$LiAlH_4$ como um 'Microlighter' na superfície da fluorographite desencadeando a desidrogenação de $Mg(BH_4)_2$: Toward More than 7 Wt % Hydrogen Release below 70 °C". *ACS Applied Energy Materials* 3 (3): 3033–41. https://doi.org/10.1021/acsaem.0c00134.

Zhuk, A.Z., E.I. Shkolnikov, T.I. Borodina, G.E. Valiano, A.V. Dolzhenko, E.A. Kiseleva, S.A. Kochanova, E.D. Filippov, e V.A. Semenova. 2023a.

"Gerador de hidrogénio de alumínio - água para aplicações domésticas e móveis". *Applied Energy* 334 (março): 120693. https://doi.org/10.1016/j.apenergy.2023.120693.

---. 2023b. "Gerador de Hidrogénio de Alumínio - Água para Aplicação Doméstica e Móvel". *Applied Energy* 334 (março): 120693. https://doi.org/10.1016/j.apenergy.2023.120693.

yes
I want morebooks!

Buy your books fast and straightforward online - at one of world's fastest growing online book stores! Environmentally sound due to Print-on-Demand technologies.

Buy your books online at
www.morebooks.shop

Compre os seus livros mais rápido e diretamente na internet, em uma das livrarias on-line com o maior crescimento no mundo! Produção que protege o meio ambiente através das tecnologias de impressão sob demanda.

Compre os seus livros on-line em
www.morebooks.shop

Printed by Books on Demand GmbH, Norderstedt / Germany